# 二十四节令养生汤品

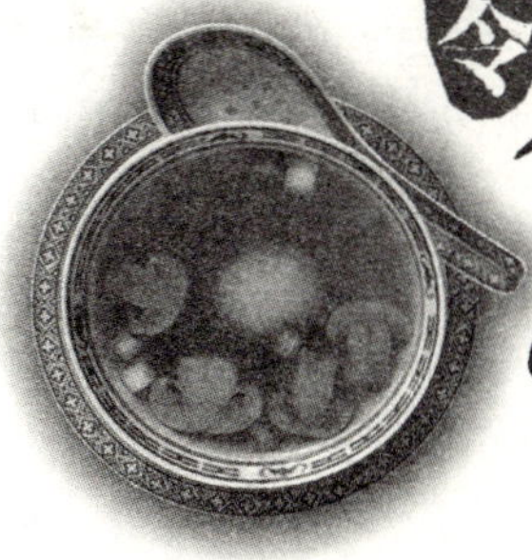

佘自强 著

南方日报出版社
NANFANG DAILY PRESS
中国·广州

**图书在版编目（CIP）数据**

二十四节令养生汤品 / 佘自强著.—广州：南方日报出版社，2007.12
ISBN 978-7-80652-648-4

Ⅰ.二… Ⅱ.佘… Ⅲ.保健—汤菜—菜谱 Ⅳ.TS972.122

中国版本图书馆 CIP 数据核字（2007）第 113154 号

**二十四节令养生汤品** 佘自强 著

出版发行：南方日报出版社
地　　址：广州市广州大道中 289 号
电　　话：（020）87373998-8502
经　　销：全国新华书店
印　　刷：广州市怡升印刷有限公司
开　　本：889mm×1194mm 1/32
印　　张：6.75
字　　数：120 千字
版　　次：2008 年 1 月第 1 版
印　　次：2014 年 12 月第 11 次印刷
定　　价：15.00 元

投稿热线：（020）87373998-8503　读者热线：（020）87373998-8502

网址：http://www.nanfangdaily.com.cn/press　http://www.southcn.com/ebook

# 目　录

## 春季

### 立春·立春汤品



### 雨水·雨水汤品

**惊蛰·惊蛰汤品**



**春分·春分汤品**



**清明·清明汤品**

## 芒种·芒种汤品



## 夏至·夏至汤品



## 小暑·小暑汤品



## 大暑·大暑汤品

## 秋季

### 立秋·立秋汤品



### 处暑·处暑汤品



### 白露·白露汤品

## 冬季

### 立冬·立冬汤品



### 小雪·小雪汤品



### 大雪·大雪汤品

**冬至·冬至汤品**



**小寒·小寒汤品**



**大寒·大寒汤品**

# 春季

立春·立春汤品
雨水·雨水汤品
惊蛰·惊蛰汤品
春分·春分汤品
清明·清明汤品
谷雨·谷雨汤品

# 立春

（公历2月4日前后）

立春是一年二十四节气之首，也是整个春季的开端，每年2月4日前后太阳到达黄经315°时开始。关于立春的含义，《月令七十二候集解》这样解说道：『正月节。立，建始也……立夏秋冬同。』

『律回岁晚冰霜少，春到人间草木知』。从这一天起，大地生机萌动，万物开始复苏，草木开始萌芽。

## 立春的特点

随着立春的到来，气温、日照逐渐上升，降水陆续增多，人们也按照传统习俗开始“迎春”，因为农历的春节一般都在立春前后。“一年之计在于春”这句古谚语，充分强调了春天在生活中的重要性。春天是由寒冬向暑夏过渡的季节，气候特点表现为冷暖气团交替活动频繁；而立春时节，人体对风向多变、昼夜温差较大的天气适应性较差，易患感冒和呼吸系统疾病，同时心脑血管疾病和肝炎也处于多发期。因此，在此期间要根据其乍暖还寒的气候特点，注意保暖防风，并对饮食起居作适当的调节。

## 立春的养生

俗话说：“立春雨水到，早起晚睡觉。”这句话概括了立春的养生内容和特点。人们经过秋、冬的休养，到了春天要开始劳作了，故春季的养生也要顺应春天阳气生发、万物始生的特性，逐渐从“秋冬养阴”过渡到“春夏养阳”。

祖国的医学理论认为，春属木，与肝脏相应，所以春季养生主要是升阳护肝，而护肝又以调节心情为主。心情舒畅，既可防止肝火上越，又有利于阳气生发。此外，饮食方面也要注意调养。这时应适当多吃些辛甘发散之品，而不宜食酸收之味，因为酸味入肝，具收敛作用，不利肝气的疏泄。而贝类海鲜等水产品也应少吃，因为这会加重肝脏的负担，使木气过盛而容易引发急性肝炎等疾病。

总之，立春的养生要逐渐晚睡早起，保持好心情，避免忧愁或情绪激动，饮食上多选辛温发散之品。

# 立春汤品

## 壹　冰糖炖雪蛤

春节（一般在立春前后）是我国最隆重的传统节日，民间称之为“过年”。过年前，广东民间有“年廿八，洗白白”的习俗，即无论男女老幼，都要洗净身体，以迎接新年。而本品气味香甜甘润，具有滋润肌肤、养颜增白之功效，于此时食用恰到好处。它还对气血不足、形容憔悴、肌肤不泽或消渴及咳喘等症有一定的食疗效果。

［材料］冰糖 80～100 克，雪蛤 10～20 克，大枣 1～2 枚。

冰糖性平味甘，入肺、胃经，功能润肺生津、滋润益气，《本草再新》说它可“治咳嗽，化痰涎”。雪蛤性温，味甘、微咸，功能补虚退热、润肺养阴，主治身体虚弱及精力不足，也可治疗肺结核。现代研究表明，雪蛤营养极为丰富，所含蛋白质高达 43%，而脂肪仅为 4%，另有蛙醇、无机盐磷、硫及多种维生素，是一种高蛋白、低脂肪的滋补品。二者合用，共奏去疾洁肤、养容驻颜之功。

［烹制］雪蛤浸泡 3～4 日，洗净去污，再用清水漂洗；然后与冰糖一起放置炖盅内，加入 650 毫升（约 2 碗半量）冷开水，加盖隔水炖 1 个半小时即可。此量可供 2 人食用。

## 贰　“年有”汤

新春佳节，广东民间总要煲些寓意好、合时节、味道美、营养多的汤品。本品香浓可口，寓意“年年有”（取莲藕之谐音），并具有养血和血、润色美肤之功效，常为广东民间年夜饭、开年餐的必选汤品。

［材料］莲藕500克，猪踭500克，红豆50克，红枣4枚，陈皮1/4个，干章鱼1只，生姜3片。

莲藕性凉味甘，功能补脾益血、和血散瘀、生肌润肤，《食疗本草》认为它有“养神，益气力，除百病，久服轻身耐寒，不饥延年”的作用。猪踭为猪肉中的上品，性平，味甘、咸，功能健脾养胃、益气生津。红豆性平，味甘、酸，功能滋补强壮、健脾养胃。红枣性平味甘，功能补中益气、和胃生津。陈皮性温，味辛、苦，功能理气养胃。干章鱼性寒，味甘、咸，功能养血益气。合而为汤，则健脾益气，平补不峻，实为老少咸宜之新春佳品。

［烹制］莲藕洗净、切段；红枣（去核）、红豆、陈皮、干章鱼洗净，稍浸泡，并把陈皮去瓤；猪踭洗净，整块不用刀切；然后一起放进瓦煲内，加入清水2500毫升（约10碗水量），武火煮沸后，改用文火煲2个小时，调入适量食盐即可（猪踭、莲藕、红豆可捞起拌酱油佐餐）。此量可供3～4人食用。

## 叁　五指毛桃煲猪脊骨

五指毛桃煲猪脊骨气味清香可口，既能益气、提神、解乏，又能祛湿困、健脾胃，适合于初春时南方气候的养生要求，男女老少皆宜。

［材料］五指毛桃 100 克，猪脊骨 500 克，生姜 3 片。

五指毛桃又名南芪，因其具有北芪补中益气的功效特点，且性味比较平和，十分适合南方气候条件下的滋补调理，因而称为“南方北芪”。其性平，味甘、淡，具有解气利湿、健脾补肺的功效，虽为客家地区常用的药材，但至近代才多入药使用，所以古籍医书上几乎没有提及。现代的医药书籍均予以较高的评价，如《常用中草药手册》说它能“益气固表，舒筋活络，解气化湿”。猪脊骨性平，味甘、咸，有补髓益肾、强筋健骨的作用，广州人煲补益汤水时常以此为材料。五指毛桃煲猪脊骨，其色如牛奶，味似椰汁，具有健脾胃、祛湿乏、舒筋络、健筋骨的作用。

［烹制］将五指毛桃洗净，稍浸泡；猪脊骨洗净，用刀背敲裂，然后一起放进瓦煲内，加入清水 3000 毫升（约 12 碗水量），武火煲沸后，改为文火煲约 2 个半小时，调入适量的食盐便可。此量可供 3～4 人食用。

## 肆　椰盅炖鲜鸡

椰子炖鲜鸡汤气味醇香、清润，具滋肺补气、温五脏之功；适合男女老幼饮用。

［材料］大椰子 1 个，鲜鸡肉 300 克，银耳 10 克，江瑶柱 2～3 个，生姜 2～3 片。

椰子为海南著名的水果，其果实越成熟，所含的蛋白质和脂肪就越多，是其他水果不能比拟的。椰肉、椰汁和椰油均有一定的医疗价值。椰肉有益气、治风，令人面色悦泽之功用；椰汁可强心、利尿、驱虫、止呕吐腹泻，有治疗充血性心力衰竭和周围水肿的功用；椰油外用可治疮疥、冻疮、体癣和神经性皮炎等症。鸡肉有补虚损、益气血的功效。银耳有润肠脏的作用。江瑶柱则能补肝肾。合而为汤，更能滋润清补，温五脏。

［烹制］买椰子时请卖者锯去顶壳 1/3，其汁留用，壳保留完整，并洗净，成为盅形，称椰盅。银耳用清水浸泡发大，撕为小朵，洗净；江瑶柱洗净，撕成粗丝；鸡肉洗净，斩件。椰子放在碗内固定好，把鸡肉、银耳、江瑶柱和生姜放进椰盅内，要有八成满，如椰汁不够，可再加入冷开水，盖上椰盅顶壳，并用纱纸固定，隔水炖约 3 个小时，调入适量食盐便可。此量可供 1～2 人食用。

## 伍　鲜菊猪肝汤

“春养肝”为中医四季养生经验之谈，故时至立春，理应调养肝脏。本品气味甘润，具有滋肝补血、养颜明目之功效，为常见养肝汤品之一，可用于肝血不足、视物不清及肝经热盛之头痛、头晕、目眩、口苦、口干、口渴等症，尤合女士美容之需。

［材料］新鲜菊花 8～10 朵，猪肝 100～150 克，生姜丝少许。

菊花性微寒，味辛、甘、苦，功能清肝热、养肝阴，很早就被视为养肝延年及美容佳品。《本草纲目拾遗》说它能“益血润容”，“久服令人好颜色，不老”；《老老恒言》中也记载有“菊花粥”用于美容者，并说它“养肝血、悦颜色、清风眩”。猪肝性平味甘，功能补肝、养血、明目，还可改善贫血，提高视力。合而为汤，则相得益彰，共奏清肝补血、明目养颜之功。

［烹制］新鲜菊花洗净，摘取花瓣，再用淡盐水洗；猪肝洗净，切为薄片，用生粉、生抽、生油少许和姜丝拌腌约 10 分钟；然后于镬中加入清水 750～1000 毫升（约 3～4 碗水量），武火煮沸后，加入鲜菊花瓣、猪肝，改用文火煲滚至猪肝熟，调入适量食盐及少许生油即可（猪肝可捞起拌酱油佐餐）。此量可供 2 人食用。

## 陆　胡椒根煲三蛇汤

立春时节，气温虽趋于上升，但降水也逐渐增多，一般春节过后不久便会开始下雨，而南方此时的春雨尤其寒冷刺骨（特别在“雨水”前后），正所谓“湿冻比干冻还难受”。因此，这时的养生汤品宜祛寒除湿。本品气味香浓可口，具有温经通络、祛寒除痹之功效，民间常以之辅助治疗风湿性关节炎、类风湿关节炎、手足痿弱屈伸不利及中风所致的半身不遂等症。

［材料］胡椒根 40～60 克，蛇肉 250～500 克，猪踭肉 150 克，陈皮半个，生姜 2～3 片。

胡椒根性热味辛，功能温经通络，祛寒除痹。蛇的种类很多，但常作药用的有蕲蛇、白花蛇、乌梢蛇等。而作为药膳，则最好选用三蛇肉，即金脚带（金环蛇）、饭铲头（眼镜蛇）、过树榕或三索线，最佳者为过山风。其他如大蟒蛇、水律蛇等也可以用。其实，“三蛇”只是个统称。上述蛇肉均有活血行气、舒筋活络、祛风除湿、滋补强壮的作用。

［烹制］胡椒根洗净，浸泡片刻；陈皮浸泡、去瓤白并洗净；蛇要切去头部、剖腹去胆及内脏，去皮或不去皮、切段或不切段均可，并先“飞水”（放入开水中煮沸片刻去血腥）；然后与生姜一起放置瓦煲内，加入清水 3000 毫升（约 12 碗水量），武火煮沸后，改用文火煲约 3 个小时，调入适量食盐即可（蛇肉、猪踭肉可捞起拌酱油佐餐）。此量可供 3～4 人食用。

# 雨水

（公历2月19日前后）

雨水为二十四节气中的第二个节气，每年2月19日前后太阳到达黄经330°时开始。历书上说：『斗知壬为雨水时。东风解冻，冰雪皆散而为水，化而为雨，故名雨水。』《月令七十二候集解》则这样解说其含义：『正月中。天一生水。春始属木，然生木者必水也，故立春后继之雨水。』这时，我国大部分地区雨量逐渐增加。近年由于暖冬效应，北方很少下雨，而南方地区的降雨日与降雨量则仍有明显增加，是名副其实的雨水时节。

## 雨水的特点

进入雨水节气之后，气温继续升高，同时降雨增多，空气更加湿润，天气暖和而不燥热，十分适合万物生长。但冷空气活动仍较频繁，所以早晚仍然较冷；在南方，雨水至惊蛰期间几乎是一年中最寒冷的阶段，所谓的“料峭春寒”就指此时。所以，这时还要适当“春捂”，即不能马上去棉着单（脱棉毛衣服而改穿单衣)。因为雨水时节虽不像寒冬腊月那样阴冷，但由于人体皮肤腠理已变得相对疏松，对风寒之邪的抵抗力会有所减弱，所以仍易感寒邪而致病。可见“春捂”这个古老的春季养生方法，对今日气候多变的南方，是十分适用的。

## 雨水的养生

雨水时节空气湿润，又不燥热，正是养生的好时机，但内容上会与立春时稍有不同，即以祛湿养脾为主。因为中医认为，脾为后天之本，气血生化之源，属土，喜燥畏湿。湿气太重则伤脾。唐代著名医家孙思邈根据“春夏养阳”的养生原则指出：“春日宜省酸，增甘，以养脾气。”这亦强调了这个季节培土养脾的重要性。

因此，雨水时节的养生应兼顾饮食调节、药物调养和起居调摄几个方面。饮食调节即根据此时风邪渐增、湿气渐重的气候特点，少食狗肉、羊肉等温热之品及其他油腻之品，多吃谷类、豆类、面食和新鲜蔬菜。药物调养即适时服用一些生阳祛湿的清补药物，如沙参、西洋参、决明子、白菊花、淮山、茯苓等，以调养脾胃。起居调摄则重在清心寡欲，劳逸有节，不过度工作、娱乐，避免精神萎靡困顿，以养元气。

# 雨水汤品

## 壹　木棉花炖水蛇

木棉花炖水蛇，具有祛湿毒、驱湿困、益脾胃的功效，在此炖汤中再配上开胃益脾的圆肉和补脾生津的猪瘦肉，使其汤味更醇和、更美味，可谓春困时的养生靓汤。

［材料］木棉花 18 克，圆肉 15 克，水蛇 400 克，猪瘦肉 150 克，生姜 3 片。

木棉花为广东民间十分熟悉而又常用的祛湿中药。其性凉，味甘、淡，具有清热利湿、解毒、止血的功效，广东民间常以它配伍扁豆、薏米煲粥，称之为祛湿粥，是春夏季节的保健饮品。水蛇性寒，味甘、咸，中医认为有补气血、强筋骨、通经络、祛风除疾、美容颜、滋养肌肤的功效，适用于风湿痹症、四肢麻木、过敏性皮肤、脊柱炎、骨结核、关节结核、淋巴结核及末梢神经麻痹者食用。开胃益气、润肺生津的蜜枣以及补脾益髓的猪瘦肉，既起到药引的作用，又能使汤味更醇和可口。

［烹制］木棉花稍浸泡、洗净；圆肉洗净；水蛇肉洗净，切为段状，置沸水中稍滚片刻，再捞起洗净（即广州话的“飞水”）；猪瘦肉洗净，切为块状，然后与生姜一起放进炖盅内，加入冷开水 1500 毫升（约 6 碗水量），加盖隔水炖 3 小时便可。进饮时加适量的食盐（水蛇肉、猪瘦肉可捞起拌酱油佐餐）。此量可供 3～4 人食用。

## 贰　灯芯花鲫鱼汤

本品气味清甜，具有清心降火、利水除湿、温中下气之功效，广东民间常以之治疗小儿消化不良、体虚浮肿、睡眠不宁、慢性肾炎及营养性水肿等症。此时煲食，正当其令。

［材料］灯芯花5～8扎，鲫鱼1～2条（约300克），生姜1～2片（如煮粥则加大米30克）。

灯芯花性微寒，味甘、淡，入心、脾、小肠经，功能清心降火、利尿通淋，《本草纲目》说它可“降心火，止血，通气，散肿，止渴”，《医学启源》认为它能“通阴窍涩，利水，降水肿，治五淋”。鲫鱼性温味甘，入脾、胃经，功能温中下气，和胃实肠，通阴利水，常作药膳之用，以治疗身体虚弱或慢性肾炎引起的浮肿及肠风下血、呕吐等症，对肝炎、肾炎、心疾、慢性支气管炎亦有一定疗效。合而为汤，共奏下气除湿之功。

［烹制］灯芯花洗净，浸泡片刻；鲫鱼宰后去肠杂，洗净，亦可置镬中慢火煎至微黄，溅入少许清水。然后与生姜一起放进瓦煲内，加入清水1500毫升（约6碗水量），先武火后文火煲成汤或粥，调入适量食盐即可。此量可供2～3人食用。

## 叁　薏米簕苋菜头煲鲫鱼汤

薏米簕苋菜头煲鲫鱼是广东民间常用的祛湿清热汤水，它能祛湿毒、利肠胃，且男女老少皆宜，尤其适合于春雨湿困期间饮用。

［材料］薏米50克，簕苋菜头400克，蜜枣3个，鲫鱼500克（约1～2条），猪骨400克，生姜3片。

薏米，又名薏苡仁，早在《神农本草经》上就被列为上品，并谓之："久服，轻身益气。"《本草述》亦曰，薏米除湿而无苍术、白术之燥；清热而不如黄芩、黄连损阴；益气而不像参、术滋湿热，"诚为益中气要药"。现代研究表明，它含较多的碳水化合物、蛋白质、脂肪、无机盐和维生素，是药食两用皆宜的佳品。药理实验证实，低浓度的薏米油对呼吸、心脏、肌肉等有兴奋作用，薏米素煎剂还有抗癌作用，说明它是保健益寿的佳品，尤其在春夏时用以煲汤既可益气生津，又可利水祛湿。簕苋菜头不同于一般的苋菜头，它生长在荒地田边，是常见的野菜之一，只用根头不用叶部，味甘淡而微苦，能清热解毒、凉血止痢。薏米簕苋菜头煲鲫鱼汤实为夏日湿热时的家庭汤水。

［烹制］薏米、蜜枣（去核）洗净，稍浸泡；簕苋菜头洗净；鲫鱼宰洗净，慢火煎至两边微黄，溅入少许水；猪骨洗净，用刀背敲裂，然后与生姜一起放入瓦煲内，加入清水2500毫升（约10碗水量），武火煲沸后，改为文火煲约2个小时，调入适量食盐便可。此量可供3～4人食用。

## 肆　老桑枝鸡肉汤

雨水时节，人会常感四肢麻痹、颈背酸痛，尤其易患风湿关节炎、类风湿关节炎。本品虽略带中药的辛苦之味亦清润鲜美，其辛苦之味，素爱中药材煲汤的广东人是十分乐意接受的。它具有益精髓、祛风湿、利关节之功效，可有效防治上述症状，亦谓应时养生汤品之一。

[材料] 老桑枝60克，雌鸡1只（约500克），生姜3片。

老桑枝性平味苦，入肝经，功能祛风湿、利关节、行水气，《本草汇言》说它可“去风气挛痛”，《本草备要》认为它能“利关节、养津液、行水祛风”，《岭南采药录》则指它可“去骨节风疾，治老人鹤膝风”。广东民间煲汤多用未下卵的雌鸡，称为“鸡项”，其性温味甘，入脾、胃、肝经，功能温中益气、补精添髓，《名医别录》说它能“补益五脏，续绝伤，疗劳，益气力”，《日华子本草》认为它能“止劳乏，添髓补精，助阳气”。二者合用，则祛风湿、利关节、益精髓之功效倍增。

[烹制] 老桑枝洗净，稍浸泡；雌鸡宰净，去毛及内脏，洗净；然后与生姜一起放进瓦煲内，加入清水2500毫升（约10碗水量），武火煮沸后，改用文火煲2个小时，调入适量食盐即可（鸡肉可捞起拌酱油佐餐）。此量可供3～4人食用。

## 伍　白胡椒猪肚汤

本品气味香浓，具祛寒暖胃之功效，同时可用于胃寒、心腹冷痛、吐清口水及虚寒性胃、十二指肠溃疡等症，与春砂仁猪扇骨汤有异曲同工之妙。

［材料］白胡椒15克，猪肚1个，生姜3片。

白胡椒性温味辛，入胃、大肠经，功能温中散寒、醒脾开胃，《本草纲目》说它“暖肠胃，除寒反胃、虚胀冷积、阴毒”，《唐本草》认为它“主下气，温中，去痰，除脏腑中风冷”，《海药本草》指出它可“去胃口气虚冷，宿食不消，霍乱气逆，心腹座痛，冷气上冲”。猪肚性微温，味甘，入胃经，功能健脾胃，补虚损，通血脉及利水除疳，《名医别录》说它能“补中益气，止温饱”，《本草图经》认为它可治“骨蒸热劳，血脉不行”，《御院药方》指出它可治男子“肌瘦气弱，咳嗽渐成劳瘵（即肺结核）”，而《日华子本草》中亦有“以猪肚酿黄糯米蒸捣为丸，治劳气以及小儿疳积黄瘦病”的记载。二者合而为汤，则更具祛寒暖胃之效。

［烹制］白胡椒略打碎；猪肚用盐或生粉反复洗净；然后把打碎的白胡椒放入猪肚内，再用线扎紧首尾，加入清水2500毫升（约10碗水量），武火滚沸后改为文火煲2个小时，调入适量食盐即可（猪肚可捞起切为片状拌酱油佐餐）。此量可供3～4人食用。

## 陆　川芎白芷炖鱼头汤

料峭春寒时节，易患头风，症见头痛、项痛、背痛，并有恶风畏寒之感，宜及时防治。而食用本品，则可收良效。它药性温和，味道鲜美，具有活血祛风、疏风散寒之功效，且营养价值甚高，不失为一道春季药膳佳品。

［材料］川芎 3～9 克，白芷 6～9 克，大鱼头 1 个，猪瘦肉 50 克，生姜 2～3 片。

川芎性温味辛，《本草经》说它“主中风入脑头痛，寒痹，筋挛缓急”，《日华子本草》认为它“治一切风”，多用于“诸风上攻，头目昏重，偏正头痛”等症。白芷性温，味辛、微甘，有祛风、消肿及止痛作用，《本草纲目》说它治“妇人血风眩晕”，《名医别录》亦说它能“疗风邪”、治“头痛头眩、目痒”。大鱼头即鳙鱼头，性温味甘，功能温胃养血。诸物合用，加上祛风驱寒的生姜，更具驱风寒、除痹痛之功效。

［烹制］川芎、白芷洗净，稍浸泡；大鱼头洗净、去腮；猪瘦肉洗净，不用刀切。然后与生姜一起放入炖盅内，加入冷开水 1500 毫升（约 6 碗水量）和少许生油，加盖隔水炖 3 小时，进饮时方调入适量食盐。此量可供 1～2 人食用（饮汤食鱼头）。

# 惊蛰

（公历3月5日前后）

惊蛰为农历二十四节气中的第三个节气，每年的3月5日前后太阳到达黄经345°时开始。《月令七十二候集解》这样解说其含义：『二月节。……万物出乎震，震为雷，故曰惊蛰，是蛰虫惊而出走矣。』意思即从这一天起，春雷阵阵，冬眠的动物纷纷苏醒，破土而出。

## 惊蛰的特点

这是桃红李白和春播的时节，按照一般的气候规律，惊蛰前后我国各地尤其是黄河流域以北的天气开始转暖，雨量也渐多，并伴有春雷出现，平均气温在16～18 ℃。但在北方，此时阴寒未尽，不时仍有较强寒流。而在南方，特别是广州及珠三角一带，早已是“南国春来早，烂漫山花红”了，虽天气日趋暖和，因北方阴寒未尽，所以气候变化较大，所谓“乍暖还寒”

多在此节气里。人们则常感困乏无力，昏沉欲睡，早晨醒来也比较迟，出现所谓“春眠不觉晓”的“春困”现象。

## 惊蛰的养生

《黄帝内经》曰：“春三月，此谓发陈。天地俱生，万物以荣。夜卧早起，广步于庭，披发缓行，以便志生。”意思是，春季万物复苏，应该晚睡早起，散步缓行，可以使精神愉悦、身体健康。这概括了惊蛰养生在起居方面的基本要点。当然，对北方地区而言，这时仍要注意保暖，不管是在户外还是在户内活动；而在南方地区，则要注意忽暖忽冷的气候变化，作出及时与适当的调整。

饮食方面，仍以“春夏养阳”为原则，可适当多吃能升发阳气的食物，如韭菜、菠菜、荠菜等；但同时要防止肝气过旺而伤脾（木克土，木盛则土衰）。故此时仍要少吃酸，多食甘，并时用大枣、桑寄生、淮山等药材以养益脾气。值得一提的是，此节气各种病菌开始活跃，人们因细菌感染性疾病增多，大蒜是广谱抗菌食品，有抑菌和杀菌作用，宜常吃。

# 惊蛰汤品

## 壹　鱼腥草猪肺汤

多雾绵雨时节，容易诱发呼吸系统疾病，导致病毒流行，故推荐本品以作预防。它气味苦、辛而微甘，具清热宣肺之功效，亦可用于风热犯肺所致的发热、微恶风寒、咳嗽、痰黄而稠、口干咽痛、舌红苔白、脉浮数等症。

［材料］新鲜鱼腥草 80 克，猪肺 250 克，生姜 3 片。

鱼腥草性微寒，味辛、酸，入肺、大肠、膀胱经，具有清热解毒、消痈除肿、祛痰化湿之功能，素为清肺热、化痰结之要药。猪肺性微寒，味甘、淡，入肺、胃、大肠经，有润肺益胃、止咳顺气的作用。二味合用，共奏清热宣肺、化痰止咳、生津利咽之功。

［烹制］取新鲜鱼腥草洗净；猪肺从喉部灌水反复挤压揉搓，再冲洗干净，切段；然后与生姜一起放进瓦煲内，加入清水 2000 毫升（约 8 碗水量），用文火煲 2 小时，调入少许食盐即可。此量可供 2～3 人食用（饮汤食猪肺）。

## 贰　蚝豉淮山芡实老鸭汤

蚝豉淮山芡实老鸭汤气味香醇可口，为健脾、滋阴、益肾的家庭靓汤，尤其对春困时体力、脑力、精力消耗过大及睡眠休息不佳者有辅助治疗的作用。

［材料］芡实 60 克，淮山 30 克，蚝豉干 250 克，光老鸭 1 只（约 600 克），生姜 3 片。

芡实原产东南亚，现我国各地均有栽培，并有南、北芡之分，南芡实主产苏州，北芡实主产山东，以粒大、圆整、色白或淡红且洁白者为上品，其性平味甘涩，中医认为它有健脾止泻、益肾固精、补中益气和滋养强壮的功能，且以健脾为长。故药书说它是“婴儿食之不老，老人食之延年”的粮菜佳品。淮山在中药里亦是以健脾为长，其有健脾胃、补肺气、益肾精、滋养强壮的功效，能除寒热邪气，长志安神，助五脏，长肌肉，止泻痢，化痰涎。蚝豉性平，味甘、咸，有滋阴养血的作用，为常用之营养佳品。老鸭能滋补五脏之阴，清虚劳之烦热，并补血补水、养胃生津。

［烹制］芡实、淮山洗净，稍浸泡；蚝豉干用清水浸软，洗净；光老鸭洗净，去尾部、肠杂，切块状；然后一起与生姜放进瓦煲内，加入清水 3000 毫升（约 12 碗水量），武火煲沸后，改为文火煲约 2 个半小时，调入适量的食盐和生油即可（芡实、鸭肉、蚝豉可捞起拌酱油佐餐）。此量可供 3～4 人食用。

## 叁　生地天冬猪肝汤

按照中医天人相应、四时对五脏的理论，四季各有养生的重点，如春宜养肝、夏宜养心、秋宜养肺、冬宜养肾，长夏则宜养脾。本品由《御药院方》中的“万寿地黄丸”一方化裁而成，气味虽甘中带涩，却不失清润可口，具有“和颜色、利血脉、调百节、黑发坚齿、逐风散气、愈百疾”之功效，可用于肝血不足、肝气郁结、视物不清、心烦失眠、口干口苦、毛发不泽或白发早衰等症，实属春季养肝佳品之一。

［材料］生地50克，天冬25克，鲜菊花10朵，陈皮1个，猪肝、猪瘦肉各150克。

生地、天冬均性寒味甘，功能清热凉血、滋阴养血。鲜菊花性寒，味甘、苦，气清香，功能清肝明目、平抑肝阳。加上理气健胃的陈皮，养血柔肝、滋阴润燥的猪肝、猪瘦肉，合而为汤，则滋肝血、舒肝气、清肝热，一举而奏养肝全功。

［烹制］各药物洗净，稍浸泡并把陈皮去瓤，鲜菊花用淡盐水洗净；猪肝、猪瘦肉洗净，切成薄片，用生粉、生油、生抽腌15分钟；然后先将生地、天冬、陈皮放入瓦锅内，加入清水750毫升（约3碗水量），用文火煲沸30分钟后，再放入猪肝、猪瘦肉、鲜菊花瓣，滚至猪瘦肉熟，调入少量食盐及少许生油即可（猪肝、猪瘦肉可捞起拌酱油佐餐）。此量可供2～3人食用。

## 肆　辛夷花鸡蛋汤

本品取材容易，煎煮快捷，具有祛风、通窍、止痛之功效，可有效防治雨水时节容易产生的风寒感冒及鼻塞、鼻炎等症，不失为初春家庭食疗汤品之一。

[材料] 辛夷花10～12克，鸡蛋2个。

辛夷花性温味辛，入肺、胃经，功专入肺，宣肺而通鼻窍，收缩鼻黏膜血管，并能上蹿头目，升清阳，镇静镇痛，为治鼻渊专药。《名医别录》说它能“温中解肌，利九窍，通鼻塞，滋出，治面肿引齿通，眩冒”；《滇南本草》认为它可“治脑漏鼻渊，祛风”；《本草纲目》亦指它能治“鼻渊，鼻鼽、鼻窒”。鸡蛋性平味甘，功能滋阴润燥，补脾养血，《日华子本草》说它能“镇心，安五藏，止惊，安胎”，《随息居饮食谱》认为它有“补血安胎，濡燥除烦”的作用；在此亦作药引用。两者共奏祛风通窍之功。

[烹制] 辛夷花洗净，稍浸泡；然后与鸡蛋一起放进瓦煲内，加入清水500毫升（约2碗水量），武火煮沸后，改用文火煲至250毫升（约1碗水量），捞起鸡蛋浸入冷水中去壳，再放进去稍煮片刻，调入适量食盐即可。此量可供1人食用（饮汤吃蛋）。

## 伍　地胆头猪瘦肉汤

本品略带苦味，具有清热泻火、利水祛湿及凉血之功效，能有效缓解和消除春困湿浊所致的体倦神疲、嗜睡不起、小便黄浊等症，亦为当令合时之家庭靓汤。

［材料］地胆头 60 克，猪瘦肉 250 克，生姜 2～3 片，蜜枣 2～3 粒。

地胆头性寒、味苦，入肺、胃、膀胱经，功能清热泻水，解毒祛湿。猪瘦肉性平、味咸，功能滋阴润燥。合而为汤，则既清热凉血，又祛湿解困。广东民间善于汤饮，其主要之一是配伍均衡。在此汤中重要的是加入蜜枣，中医认为其除补中益气、养血安神外，还能保护肝脏，缓和他药的峻烈或寒凉之性。

［烹制］地胆头洗净，稍浸泡；猪瘦肉洗净，切块；然后与生姜一起放进瓦煲内，加入清水 1500 毫升（约 6 碗水量），武火煮沸后，改用文火煲 1 个半小时，调入适量食盐和少许生油即可（猪瘦肉可捞起拌酱油佐餐）。此量可供2～3人食用。

## 陆　春砂仁猪扇骨汤

春季易因饮食消化不良而导致胃病复发，而本品气味香浓，具有补中行气、健胃醒脾之功效，尤宜防治胃寒诸症，常服则有利于调中理气，不失为一款当令的调补佳品。

［材料］春砂仁 6 克，猪扇骨 750 克，生姜 2～3 片。

春砂仁性温味辛，入脾、胃经，功能行气调中，开胃醒脾，可治腹痛痞胀、胃呆食滞、噎隔呕吐、妊娠胎动等症，南宋名医杨士瀛认为它有“和中行气、止痛安胎”的作用，《本草蒙荃》说它能“止恶心，却腹痛”。猪扇骨性平味甘，功能补阴益髓，历代医书皆认为服之补骨髓，益虚劳。生姜性温味辛，入肺、胃经，功能发表、散寒、止呕、开痰，《药性论》说它能“止呕吐不下食”，《本草从新》认为它可“开痰，治噎隔反胃”。二者合而为汤，则大见理气之功。

［烹制］猪扇骨洗净，用刀背敲打至稍裂开；春砂仁稍打碎；先将猪扇骨和生姜片放进瓦煲内，加入清水 2500 毫升（约 10 碗水量），武火煮沸后，改用文火煲 2 个小时，再加入春砂仁稍滚片刻，调入适量食盐即可。此量可供 3～4 人食用。

# 春分

（公历3月20日前后）

春分为农历二十四节气中的第四个节气，每年的3月20日前后太阳到达黄经0°时（春分点）开始。《月令七十二候集解》这样解说其含义：『二月中。分者半也，此当九十日之半，故谓之分。』《春秋繁露·阴阳出入上下篇》则指出：『春分者，阴阳相半也，故昼夜均而寒暑平。』而民谚云：『春分秋分，昼夜平分；吃了春分饭，一天长一线。』意思都是说，春分一过，夜晚的时间便逐渐缩短，而白昼则一天比一天长了。

## 春分的特点

春分时节，昼夜的时间几乎等长。春分以后天气处于阴阳、昼夜相对平分的状态，气温继续升高，强对流天气增多。所以此时节应特别注意强对流天气情况，预防雷电及其他气象灾害。民间谚语说：“春分秋分，昼夜平分，吃了春分饭，一天长一线。”这是说春分一过，白天一天比一天长，夜晚逐渐缩短。在南方此节气更日趋暖和，近年来从惊蛰至春分时已闻雷不多，却是骤变的天气特别多。骤变的天气会导致人体平衡失调。

## 春分的养生

春分对人体而言，重要意义与夏至、秋分、冬至一样，对健康有较大的影响。

春分时节，在养生方面也应顺天行事，以保持人体阴阳平衡为本。这时人体的血液和激素活动正处于相对高峰期，而气候骤变也会导致人体平衡失调，诱发如高血压、心脏病、月经失调以及感冒发烧等疾症。故这个节气的饮食调养非常关键，总的原则是忌大热大寒，而力求中和。同时若要吃寒性食物，则佐以温热之品；如服益阳之品，则配以滋阴之物，以达阴阳平衡。神志上避免情绪波动和过度疲劳，调摄情志颇为得要。人们应顺应春季生机盎然的特点，多做户外活动，如到野外放风筝、沐浴阳光、呼吸清新空气，嬉戏玩乐，将一切烦恼置之度外，迎天顺气、随风送忧。

# 春分汤品

## 壹　北芪虾仁龙骨汤

中药北芪煲虾仁龙骨，气味醇香可口，有助阳益气、通经活络的功效，为春暖日时的养生汤品。

[材料] 北芪 30 克，当归 5 克，鲜虾仁 200 克，龙骨（即猪脊骨）300 克，猪瘦肉 150 克，生姜 3 片。

北芪性温味甘，归肺、脾经，具有益气升阳、固表止汗、补脾养胃的功效，现代医学亦认为它有强心、利尿、降血压、抗菌、增强毛细血管抵抗力、止汗和类性激素的作用。鲜虾仁味道鲜美，是一种高蛋白、低脂肪的食品，营养非常丰富。中医认为它性温味甘，入肝、肾经，具有壮阳、补肾通乳、托毒等作用，亦为壮阳补肾的佳品，对肾虚阳痿、早泄遗精、腰膝酸软、四肢无力、产后缺乳、皮肤溃疡、疮痈肿毒等症有很好的防治作用，入药以湖泽中出者为佳。常食虾还可延年益寿，虾皮也是儿童保健食品之一。

[烹制] 将诸药物、虾仁、龙骨、猪瘦肉洗净，与生姜一起放入瓦煲内，加入清水 2500 毫升（约 10 碗水量），武火煲沸后，改文火煲约 2 小时，调入适量食盐便可。此量可供 3～4 人食用。

## 贰　葱白豆豉葛根汤

随着春分的到来，风热犯肺渐成春季外邪侵入的多发现象，其症初见为微恶风寒、发热、咽干喉痛、咳嗽、咯痰等，而及时服食本品，则可起到防治上述疾病的积极作用。

［材料］葱白 80 克，淡豆豉 150 克，葛根 150 克，麻黄 10 克（备用）。

葱白性温味辛，入肺、胃经，功能发汗解表、散寒通阳，《本草经》说它“主伤寒寒热，出汗中风”。淡豆豉性平，味甘、微苦，入脾、肺经，功能解表除烦，《药性论》说它“治时疾热病发汗”。葛根性凉味辛，入脾、胃经，功能解肌清热。麻黄性温，味辛、微苦，入肺、膀胱经，功能发汗散寒。诸药合用，共奏解表散邪、清热解烦之功。（必须注意的是：要恶寒较重且无汗者，才可加入麻黄煎服。）

［烹制］葱白切段；淡豆豉用纱布装包；葛根洗净，切块；然后一起放进瓦煲内，加入清水 750 毫升（约 3 碗水量），煎成浓汁约 250 毫升（约 1 碗水量），于 1 日内分 2 次温服。服药后宜加衣避风寒。此量宜 1～2 人服用，可连服 3 日。

## 叁 猪蹄筋黄豆汤

春分仍属湿痹及关节炎多发时节，故可适当服食活络消水、强筋壮骨之汤品，如这款猪蹄筋黄豆汤。

［材料］猪蹄筋 180 克，黄豆 250 克，生姜 2～3 片，陈皮 1/4 个。

猪蹄筋性平味甘，入胃经，功能补血、填精、健腰。现代研究表明它富含蛋白质、脂肪、动物胶质、钙、磷、铁及维生素 A、$B_1$、$B_2$、D、E、K 等，特别是其蛋白质水解后所产生的天冬氨酸、胱氨酸、精氨酸等，能与熊掌媲美。故常吃猪蹄可消除肢体疲乏，减少筋骨疾患出现。黄豆性平味甘，入脾、大肠经，功能健脾宽中，消肿利水、清热解毒。二者合用，则既添强壮筋骨之力，更兼润燥消水之功。加上陈皮的化气去腻，生姜的祛腥驱寒，共成春季滋补汤品。

［烹制］黄豆用清水稍浸泡；猪蹄筋洗净；然后与陈皮、生姜一起放进瓦煲内，加入清水 2000 毫升（约 8 碗水量），武火煮沸后，改用文火煲 1 个半小时，调入适量食盐和少许生油即可（猪蹄筋可捞起拌酱油佐餐）。此量可供 2～3 人食用。

## 肆 赤小豆桑白皮鲫鱼汤

本品具健脾去湿、利尿消肿之功效，亦适用于湿热、消化不良、小便不畅等症，属春季养脾清肺佳品之一。

［材料］赤小豆 60 克，鲫鱼 1～2 条（约 300～500 克），桑白皮 9 克，陈皮 1/4 个，生姜 3 片。

赤小豆性平味甘，入心、小肠经，功能通利水道、消肿退黄、清热解毒，《药性论》说它能“通气，健脾胃”。《食疗本草》记载了古时它“和鲤鱼烂煮食之，甚治脚气及大腹水肿”，现用以通阴利水，温中下气的鲫鱼代之，加入能除肺中痰水并清肺中之火而利小便的桑白皮与生姜、陈皮合而为汤，则有清热利水、疏风消肿之功。

［烹制］鲫鱼去腮鳞、内脏，洗净，下油镬慢火煎至两面微黄，铲起；赤小豆、桑白皮、陈皮洗净，稍浸泡；然后一起放进瓦煲内，加入清水 2000 毫升（约 8 碗水量），武火煮沸后，改用文火煲 2 个小时，调入适量食盐和生油即可（鲫鱼、赤小豆可捞起拌酱油佐餐）。此量可供 2～3 人食用。

## 伍　薏米煲老鸭

薏米煲老鸭气味清润醇和，具养阴除烦、祛湿健脾的功效，且男女老少皆宜，为春夏间家庭养生、佐餐的靓汤之一。

［材料］薏米50克，光老鸭1只（约600克左右），陈皮1/4个，生姜3片。

薏米，又名薏苡仁，既可食用又可药用，其性凉，味甘甜。中医认为它有健脾、补肺、清热、利湿的作用，对风湿、水肿、脚气病特有效。现代医学亦发现它对癌细胞有抑制作用，尤其适宜于肠、胃、肾、肺部癌症患者，同时由于它能抑制细胞的异常增长和繁殖，对皮肤异常增生，如粉刺、赘疣等有防治作用，有利于粗糙皮肤的健美。老鸭性寒凉而味甘，中医认为，它是水中之禽，宜于体内有热、上火的人食用，广东民间有“嫩鸭湿毒、老鸭滋阴”之说。以鸭肉入药，更是治疗许多疾病不可缺少的食疗原料之一，鸭的育雏按季节可分为头水鸭、夏水鸭和秋水鸭，一般来说，以饲养的头水鸭为好，夏水鸭次之，秋水鸭较差。头水鸭是在清明至谷雨期间育雏，可以吃到在田里头的泥鳅、小鱼小虾等，所以特别肥美。

［烹制］将薏米、陈皮洗净，稍浸泡；光老鸭去内脏、尾部、爪甲，洗净，与生姜一起放在瓦煲内，加入清水2500毫升（约10碗水量），武火煲沸后，改为文火煲约2个小时，调入适量食盐便可（薏米、老鸭可捞起，拌入酱油佐餐用）。此量可供3～4人食用。

## 陆　芡实莲子沙虫汤

本品气味清润鲜香，具补脾肾、益气血、止泄泻之功效，可用于春季因脾肾不足、运化失常引致的食少便溏等症，亦属当令清补佳品之一，且不常见。

［材料］芡实20克，莲子肉20克，沙虫干30克，猪瘦肉250克，生姜2～3片。

芡实性平，味甘、涩，功能固肾涩精、补脾止泻，《本草求真》说它“味甘补脾，故能利湿，味涩固肾，故能闭气”。莲子性平，味甘、涩，功能补脾止泻、补肾涩精、养心安神，《本草纲目》说它“主心肾，厚肠胃，固精气，强筋骨，补虚损”，与芡实同用，则补脾益肾，止泻力大。沙虫干性平，味甘、咸，功能健脾肾、益气血，且营养丰富，补而不燥，滋而不腻，尤宜老人儿童。猪瘦肉健脾益胃，作为药引。生姜驱寒暖胃，祛腥。合而为汤，补脾肾，则复运化而止泄泻，益气血而助生长。

［烹制］芡实、莲子洗净，稍浸泡；沙虫干置镬中微火略炒干，剪开虫体去沙囊，用清水浸软洗净；猪瘦肉洗净；然后与生姜一起放进瓦煲内，加入清水2500毫升（约10碗水量），武火煮沸后，改用文火煲2个小时，调入适量食盐及少许生油即可（莲子、芡实、沙虫干、猪瘦肉可捞起拌酱油佐餐）。此量可供3～4人食用。

# 清明

（公历4月5日前后）

清明为农历二十四节气中的第五个节气，每年的4月5日前后太阳到达黄经15°时开始。清明是清静明洁的意思。《月令七十二候集解》这样解说其含义：『三月节。……物至此时，皆以洁齐而清明矣。』清代的《帝京岁时纪胜》也说：『万物生长此时，皆清静明洁，故谓之清明。』

『清明谷雨两相连，浸种耕田莫迟延』。清明是我国农事活动的重要时节，各种春耕、春种劳作于此时陆续展开；与此同时，各式各样的祭祖活动也相当频繁，使清明节充满了中华文明传统的浓郁气息。

## 清明的特点

常言道：“清明断雪，谷雪断霜。”时至清明，我国大部分地区已转暖，但这时也正是冷暖空气冲突剧烈的时候，海洋上的暖湿空气日益加强，经常与南下的冷空气相遇，形成忽冷忽热、时晴时阴的天气。“清明时节雨纷纷”，唐朝诗人杜牧的这一诗句，道出了以往清明时节的气候特点。而在岭南，这时已偶有初夏的感觉，近年来更是常常丽日当空，“雨纷纷”的情形反而少见了。有一种这样的现象：清明时节下雨量少，则立秋后下雨量多；清明下雨量多，便立秋后下雨量少。但总的来说是一个湿热的气候。

## 清明的养生

清明节的日照与降水量都明显增多，气温的变化也较大，因而是高血压、心脑血管疾患的易发期，且其发病率有随年龄的增长而递增的特征。此时的养生要注意保持心情舒畅，适当增加一些动作柔和、动中有静的康体运动；饮食上则应定时定量，不暴饮暴食。肥胖者须减少甜食，限制热量的摄入，多食瓜果蔬菜。老年高血压病患者应选择低盐饮食，相应增加钾的摄入。南方由于日照与降水量都明显增多，因而此节气特别潮湿，从中医的角度而言，对人体尤为湿热。阴晴不定、潮湿暖和的天气会使人困湿、胃滞，引而脾虚，养生上健脾祛湿是尤为重要的。宜多进食一些健脾胃、祛湿浊的食品，如淮山、芡实、扁豆、土茯苓以及龟、鳖等；忌食发病的食物，如竹笋、毛笋、公鸡等。

# 清明汤品

## 壹　老黄瓜云苓煲乌蛇

老黄瓜云苓煲乌蛇有解湿毒、利关节之功，且气味清香、味道鲜美，男女老少皆宜，为闷热湿困日的养生调理汤品。

［材料］老黄瓜 500 克，云苓 50 克，乌蛇 500 克，猪脊骨 500 克，生姜 4 片。

黄瓜又名青瓜，性凉味甘，能除热、利水、解毒，可治疗烦渴、咽喉肿痛、火眼、烫火伤等病症。老黄瓜就是在其成熟后不采摘，让其继续生长，至瓜皮完全变黄，它更具清热利水、消暑除烦的功效。而具有健脾安神、利水渗湿功效的中药云苓，早在《神农本草经》中就被列为上品，主治脾气虚弱、倦怠无力、食少便溏、心悸失眠、小便不利、水肿胀闷和痰饮内停等症。按现代科学分析，它有利尿、降血糖、抗菌、抗癌作用。《本经逢原》中说“乌蛇主肾脏之风，为紫云风之专药”。其性平，味甘、咸，尤其具祛风湿、通经络的作用。三者合而为汤，更具排皮肤湿毒和驱骨肌痹痛风湿之力。

［烹制］老黄瓜洗净，切块状；云苓稍浸泡，洗净；乌蛇宰洗净，切段状，置沸水中稍滚片刻，再洗净（即“飞水”）；猪脊骨洗净，用刀背敲裂，然后与生姜一起放进瓦煲内，加入清水 3000 毫升（约 12 碗水量），武火煲沸后，改文火煲 2 个半小时，调入适量食盐便可。此量可供 3～4 人食用。

## 贰　火炭母猪红汤

清明时节，人体常有“春困”加重和饮食积滞现象，此时服食本品，当有一定帮助。它气味清中带苦，具有清热利湿、清肺利咽之功效，尤宜于湿困诸症，同时对消除积滞、肠热便血及肛门灼痛有明显效果。

［材料］新鲜火炭母90克，猪红250克，生姜3片。

火炭母性寒，味微苦、微酸，入肺、大肠经，功能清热利湿、消滞利咽。猪红即猪血，性凉味甘，入胃、大肠经，功能清胃火、凉血、消滞。现代营养学认为猪红含有人体所需的各种微量元素，且含铁量高，含蛋白质特别丰富，相当于猪肉的四倍，鸡蛋的五倍。猪红还能较好地清除人体内的粉尘和有害金属微粒对人体的损害。两者合而为汤，更显相得益彰之效。

［烹制］火炭母洗净切段，猪红洗净，切块与生姜一起放进瓦煲内，加入清水1500毫升（约6碗水量），武火煲沸，改文或煲30分钟，调入适量食盐及少许生油即可（猪红可捞起蘸酱油佐餐）。此量可供2～3人食用。

## 叁　塘葛菜煲生鱼汤

本品是广东民间常用的一款养阴祛湿靓汤，它气味清润，具有清热利尿、益脾养阴之功效，不仅清明时节，整个春季都适宜饮用，并可用于肺炎、咽喉炎、肾炎水肿、小便不利等症的食疗。

［材料］塘葛菜200克，生鱼1条（约100～150克），猪瘦肉100克，生姜3片。

塘葛菜性凉，味甘、淡，功能清热利尿、凉血解毒。生鱼性寒味甘，功能补脾益胃、利水消肿，《医林纂要》说它"补心养阴，澄清肾水，行水渗湿，解毒去热"，名医李时珍对它曾有这样的描述："鳢首有七星，形长体圆，头尾相等，细鳞，色黑，有斑花纹，颇类星星蝮蛇，形状可憎，南人珍食之。"的确，南方人尤其是广东人，对生鱼可谓情有独钟，常以之作为病中或术后的营养食品。二者合用，再加猪瘦肉为药引，则成利水而不伤正气，补脾而不留邪毒的春季养生佳品。

［烹制］塘葛菜洗净；生鱼去腮鳞和内脏，洗净；猪瘦肉洗净；然后与生姜一起放进瓦煲内，加入清水2500毫升（约10碗水量），武火煮沸后，改用文火煲2个小时，调入适量食盐与少许生油即可（生鱼、猪瘦肉可捞起拌酱油佐餐）。此量可供3～4人食用。

## 肆　红萝卜马蹄竹蔗汤

本品味道清甜，具有清热解毒、养阴生津之功效，对春季常见的湿热型皮肤病及小儿麻疹颇有疗效，亦是广东民间清温热、祛湿毒的常用饮品。

［材料］红萝卜、马蹄、竹蔗各150～250克，茅根15～30克。

红萝卜性微温，味甘、辛，入肺、脾经，功能宽中润燥、散涤肠胃邪气，并助消化，《本草纲目》说它“下气补中，利胸膈肠胃，安五脏，令人健食”。马蹄性寒味甘，功能清热、凉血、利尿、通便、解毒、化痰，《本草备要图说》说它“益气而消食，除热以生津”，《本经逢原》认为它“治酒客肺胃湿热，声音不清”。竹蔗性寒味甘，入肺、胃经，功能清热泻火、润燥解毒，《本草纲目》认为它是“脾之果也，其浆甘寒，能泻火热”。茅根亦性寒味甘，功能凉血止血，清热利尿，《本草正义》说它“寒凉而味甚甘，能清血分之热而不伤于燥，又不黏腻，故凉血而不虑其积瘀”。合而为汤，则清肝和胃、润肺生津，既可止渴利尿、清热解毒，又能滋润心脾，解烟酒之毒。

［烹制］红萝卜洗净，切段；竹蔗洗净，切对开；马蹄削去皮，切对开边；然后与茅根一起放进瓦煲内，加入清水2000毫升（约8碗水量），武火滚沸后改文火煲约1小时即可。此量可供3～4人食用，也可每日代茶饮2～3次。

## 伍　枸杞子冬菇鸡脚汤

以中药枸杞子配冬菇煲鸡脚，气味醇和鲜美，具有养肝明目、强筋健骨、悦色养颜之功，是湿困时节的家庭靓汤之一，且男女老少皆宜。

［材料］枸杞子 25 克，冬菇 60 克，花生 100 克，眉豆 50 克，鸡脚 4 对，猪碎骨 200 克，生姜 3 片。

枸杞子是养肝明目的滋补药材，亦是民间用以煲汤养生使用率最高的中药之一。它性平味甘，归肝、肾经，具有滋补肝肾、益精明目的功效，历代医书都认为它是滋补益寿药物，《本草汇言》对其评价尤高，说它“使气可充，血可补，阳可生，阴可长，火可降，风湿可去”。鸡脚性平，味甘、咸，能生精增髓、强筋壮骨，现代营养学认为它富含骨胶原、蛋白质、黏液质、脂肪以及钾、钠、铁、硫等矿物质，对强壮身体十分有益，其含有丰富的骨胶原，这大概是民间所谓的“以形补形”的依据。冬菇能益气、补虚、健胃。花生能润肺、和胃、补脾。眉豆最能祛困脚之湿气。诸物合而为汤，不仅能强筋健骨，亦能养颜悦色，为春日美味可口的养生汤品。

［烹制］将各配料洗净、浸泡，并将冬菇去蒂；鸡脚洗净，去趾甲等，用刀切开，并用刀背敲裂；猪碎骨洗净，亦用刀背敲裂，与生姜一起放进瓦煲内，加入清水 3000 毫升（约 12 碗水量），武火煲沸后，改用文火煲约 3 个小时，调入适量食盐便可（鸡脚、花生、眉豆等可捞起拌入酱油佐餐用）。此量可供 3～4 人食用。

## 陆　枸杞叶猪肝汤

本品气味清润，入口不腻，具有护肝、养血、明目之功效，诚为春季家庭理想汤品；同时也可用于视力衰弱、夜盲等症的食疗，值得推荐。

［材料］枸杞叶 30～50 克，猪肝 200 克，红枣 2 枚，生姜 2 片。

枸杞叶性平味甘，入肝、肺、肾经，功能补虚益精，祛风明目。猪肝性温，味甘、咸，入肝经，功能养血明目，《千金・食疗》认为它“主明目”。现代医学认为，猪肝含有丰富的维生素 A 原（胡萝卜素）及铁、磷等成分，常吃猪肝可逐渐消除眼病，可抑制部分癌症，并有抗疲劳作用，有着丰富营养。但它是猪身上的解毒器官，也是藏污纳垢的大本营，在食用时要格外小心，冲洗干净。红枣能补中益气、和胃生津。合而为汤，共奏养肝、养血和明目之功。

［烹制］枸杞叶、红枣（去核）洗净；猪肝冲洗干净，浸泡 30 分钟，再切片，用生粉、生油、生抽拌腌；然后先将枸杞叶与红枣放进镬内，加入清水 1500 毫升（约 6 碗水量），武火煮沸后，改用文火煲 10～15 分钟，再复用武火煮沸，加入猪肝，稍滚至熟，调入适量食盐即可（猪肝可捞起佐餐）。此量可供 2～3 人食用。

# 谷雨

（公历4月20日前后）

谷雨是春季的最后一个节气，每年的4月20日前后太阳到达黄经30°时开始。谷雨即雨生百谷的意思，《月令七十二候集解》这样解说其含义：『三月中。自雨水后，土膏脉动，今又寸其谷于水也。……盖谷以此时播种，自上而下也。』此时大江南北，禾苗初插，作物新种，最需雨水滋润，故有『雨生百谷』、『春雨贵如油』的说法。

## 谷雨的特点

这时的天气已较温和，雨水也明显增多，对谷类播种后的生长、发育起着至关重要的作用。在这个春季将尽、夏季将临的节气里，北方是桃花、梨花、杏花开满枝头，杨絮、柳絮四处飘飞，一片姹紫嫣红景象。而在南方，浮萍则开始在池塘中铺长，春茶也在此前后采收。此节气以晴暖为主，虽雨量也很大，但已不是缠绵不尽的春雨和乍暖还寒的阴冷了，已是初夏来临。

## 谷雨的养生

《素问·保命全形论》指出："人以天地之气生，四时之法成。"所以不论何时，顺应自然，通过合理调节使内环境（人体生理环境）与外环境（外部自然环境）的变化相适应，保持人体各脏腑功能的正常运作，都是养生保健的原则要领。谷雨时节也不例外。此时的养生，应侧重于预防感冒、风湿、类风湿及各种过敏性疾病，因而花粉过敏者更要多加注意。在饮食上仍须减少高蛋白、高热量食物的摄入，以祛风湿、舒筋骨，滋阴、养血、升阳为主。谷雨时节气温升高，雨量增加，人体在这段时间内更加困乏，所以要注意锻炼身体。

这是春季的最后一个节气，其实在南方已开始有了初夏的气息。古代著名医家张志聪在《素问集注》里说："春夏之时，阳盛于外而虚于内，秋冬之时，阴盛于外而虚于内，故圣人春夏养阳，秋冬养阴，从根而培养之。"这应是谷雨时节的养生准则。

# 谷雨汤品

## 壹　鸡骨草田螺汤

常言道："清明断雪，谷雨断霜。"也就是说，谷雨后的天气以晴暖为主，虽有雨下，却不致缠绵不尽和阴冷。但易犯湿困、易患黄疸肝炎仍是广东一带的常见情形，所以饮食汤品还要以除热祛湿为主。本汤气味苦甘，具有清热祛湿、利胆退黄之功效，颇宜于此时食用，故首作推荐。

［材料］鸡骨草 60 克，大枣 2～3 枚，田螺 250～500 克，猪瘦肉 100 克。

鸡骨草性寒味苦，入脾、胃、膀胱经，功能清热、利湿、退黄，是广东家喻户晓的防治肝炎良药。田螺性凉，味甘、咸，功能滋阴清热、利水通淋。大枣性甘味平，功能补脾胃，养营安神，缓和药性。猪瘦肉功效滋阴润燥，在此作药引，起缓和鸡骨草利下峻伐的作用。合而为汤，则清热祛湿、利水除烦。

［烹制］鸡骨草洗净，稍浸泡；田螺用清水养半日，等其排出杂质，斩去螺尾；然后一起放进瓦煲内，加入清水 2000 毫升（约 8 碗水量），武火煮沸后，改用文火煲 2 个小时，调入适量食盐即可。此量可供 2～3 人食用。如作黄疸肝炎之食疗，则宜隔日服食 1 次。

## 贰　芡实杞圆龟苓汤

南方的4月多潮湿、黏腻天气，即广东人所谓的“回南天”，这时特别容易孳生细菌，使人体皮肤出现粉刺、暗疮、皮癣、湿疹等。对此，本品有一定的防治作用。它气味香润，具有滋阴清热、健脾益肾之功效，适用于湿浊内停之湿疹疮毒反复发作，同时对肾阴不足之骨蒸潮热或泄泻滞下等症亦有一定作用，诚为春季家庭的理想汤品之一。

［材料］乌龟1～2只（约500克），土茯苓100克，芡实30克，枸杞子20克，桂圆30克，生姜2片。

乌龟（金钱龟最佳，草龟亦可）性平，味甘、咸，功能滋阴、潜阳、补肾养血，《本草衍义补遗》说它“下甲补阴，主阴血不足”，《本草通玄》说它“板咸平，肾经药也，大有补水制火之功”，而《日用本草》认为龟肉能“大补阴虚”。土茯苓性平，味甘、淡，功能清热利湿、解毒。芡实性平，味甘、涩，功能固肾涩精、补脾止泻。枸杞子性平味甘，功能补益肝肾。桂圆性温味甘，功能补益心脾。合而为汤，则滋补肝肾，调养心脾，清热利湿而不伤阴，滋阴解毒而不留邪。

［烹制］把乌龟放入盆中，淋热水使其排尿，再用开水烫死后洗净，切去内脏、头、爪；土茯苓、芡实、枸杞子、桂圆洗净，稍浸泡；然后与生姜一起放进瓦煲内，加入清水3000毫升（约12碗水量），武火煮沸后，改用文火煲3个小时以上，调入适量食盐即可。此量可供2～4人食用。

## 叁 茅根鸡骨草猪瘦肉汤

“春夏祛暑湿”是广东民间的养生格言之一，本品即属“祛暑湿”类汤品。它清淡而略带苦涩，具有清热利湿，滋肝养阴之功效，可用于体倦内满、口干尿黄及慢性肝炎等症的食疗，在谷雨时节作家庭佐餐之用，亦很合宜。

[材料] 鲜茅根 90 克（用干品则 30 克），鸡骨草 30 克，大枣 2 枚，猪瘦肉 250 克，生姜 2 片。

茅根性寒味甘，功能止血、清热、利尿、生津止渴及退黄疸。鸡骨草性寒味苦，入脾、胃、膀胱经，亦能清热利湿与退黄，是广东民间著名的祛湿药之一。二者合用，更具清热解毒、除湿利尿之效。而加入大枣可减其寒凉，加入猪瘦肉、生姜，既可作药引又可助大枣之功。

[烹制] 鲜茅根剪段，洗净（干茅根则洗净即可）；鸡骨草洗净，稍浸泡；大枣洗净，去核；猪瘦肉整块洗净；然后与生姜一起放进瓦煲内，加入清水 2000 毫升（约 8 碗水量），武火煮沸后，改用文火煲约 2 个小时，调入适量食盐即可（猪瘦肉可捞起拌酱油佐餐）。此量可供 2～3 人食用。

## 肆　独脚金煲鲫鱼汤

春三月间气候多变，容易引起肠胃功能紊乱，小儿尤其易患“疳积”，这时不妨服食本品，当有良效。它略带甘、苦药味，具有清热消疳、健脾利湿、和中开胃之功效，亦是一款春季养生佳品。

［材料］独脚金 15 克，鲫鱼 1 条，生姜 2～3 片（若为粥食则加大米 30 克）。

独脚金性微寒，味甘、淡，功能清肝热、消积滞、健脾胃，《本草求原》说它“消疳积黄肿”，《生草药性》认为它能“除小儿黄气”。鲫鱼性温味甘，功能和胃实肠，通阴利水。它是最常见的河鲜，常食用可补充营养，增强抗病能力。因此《本草经疏》说鲫鱼“与病无碍，诸鱼中惟此可常食”。在药膳中它与猪瘦肉使用率最多，常作药引之用。它与独脚金合而为汤，共奏清热消疳、健脾和胃之功。

［烹制］独脚金洗净，稍浸片刻；鲫鱼宰洗净，慢火煎至微黄，用纱布煲汤袋盛装；然后与生姜一起放进瓦煲内（如为粥食，则加大米），加入清水 1250 毫升（约 5 碗水量），武火滚沸后，改用文火煲 1 个小时，调入适量食盐及少许生油即可。此量可供 1～2 人食用。

## 伍　咸酸菜滚海螺汤

咸酸菜滚海螺汤是一款典型的潮式汤品，具有醒脾开胃、生津止渴的功效，常为潮汕一带人家的佐餐汤品，且有养阴补益的作用，为男女老少所喜爱。

[材料] 咸酸菜 250 克，鲜海螺肉 250 克，猪瘦肉 100 克，生姜 3 片，芹菜 2 棵。

海螺肉质鲜嫩，长于大海，是一种营养价值十分丰富，可与法国蜗牛平分秋色的水产品。现代营养学分析，其主要的特点是含钙量很高，仅次于虾皮，属于一种典型的高蛋白低脂肪的食物。中医认为它性寒，味甘、咸，能清热利尿、利肠利水、止泻止血、和胃化痰，有疗目赤、黄疸、脚气、痔疮等疾患的效能，亦是减肥者的理想食品。咸酸菜宜选用潮汕地区腌制的，其咸中有甘、酸中有鲜，有宣肺、祛痰、温中、利气的功效。配以补中益气的猪瘦肉，合而为汤，更具补中健脾，开胃醒胃之功。

[烹制] 咸酸菜冲洗净后，用淘米水稍浸泡洗净，再用清水冲净；鲜海螺肉洗净，切为薄片状；猪瘦肉亦洗净，切为薄片或丝状；芹菜洗净，切段状，在锅里加入清水 1250 毫升（约 5 碗水量）和生姜，武火加热，开后下咸酸菜、鲜海螺肉片及猪瘦肉，最后下芹菜。经试味方调下或不调食盐，亦汤亦菜。此量可供 3～4 人食用。

## 陆　鲜土茯苓眉豆猪脊骨汤

新鲜的土茯苓配伍眉豆煲猪脊骨，气味醇和清润，具健脾祛湿之功效，为春暖雨湿时家庭靓汤之一，男女老少皆宜。

[材料] 鲜土茯苓 400 克，眉豆 80 克，猪脊骨 500 克，生姜 3 片。

土茯苓，又名刺猪苓、过山龙、红土苓，为百合科多年生常绿藤本植物光叶菝葜的块茎，性平，味甘、淡，归肝、胃经，具有解热毒、利水湿的功效，可用于皮肤湿毒、下焦湿热，主治各种皮肤病及泄泻、肾病，现代药理分析它含生物碱、微量脂肪油、植物甾醇、甾体皂甙、鞣质等成分，还发现它适用于多种癌病，主要对消化道的食管癌、胃癌、直肠癌有改善症状的作用。土茯苓多为干品入药，而鲜品多用于食疗汤品上，因其除了有作为药品的功效外，还有鲜美清润之气味。眉豆在广东民间常作为祛脚气水湿之用。猪脊骨有补髓增益之用。合而为汤，更具健脾益气、祛湿利水、消除疲倦、强壮身体之功效。

[烹制] 鲜土茯苓刮去外皮、洗净，切块状；眉豆稍浸泡，洗净；猪脊骨洗净，用刀背敲裂，然后将各汤料与生姜一起放进瓦煲内，加入清水 3000 毫升（约 12 碗水量），武火煲沸后，改为文火煲 2 个半小时，调入适量的食盐便可（眉豆、猪脊骨可捞起拌入酱油佐餐）。此量可供 3～4 人食用。

# 夏季

立夏·立夏汤品
小满·小满汤品
芒种·芒种汤品
夏至·夏至汤品
小暑·小暑汤品
大暑·大暑汤品

# 立夏

（公历5月5日前后）

立夏是夏季的第一个节气，每年的5月5日前后太阳到达黄经45°时开始。历书说：『斗指东南，维为立夏，万物至此皆长大，故名立夏。』《月令七十二候集解》则这样解说其含义：『四月节。立字解见春（立春）。夏，假也，物至此时皆假大也。』

## 立夏的特点

立夏时节，气温显著升高，并多有雷雨。然而我国地域辽阔，各地的气候特征差异很大。在西北地区，此时才刚出现“小桃山下花初见，弱柳沙头絮未飞”的淡淡春意；而未等柳暗花明，短暂的春意便飞逝而去，代之以炎热的夏季，升温虽速却雨量偏小。在江南地区，此时升温速度减慢，多见阴雨天气，尽管已入初夏，也不过是“郊行已觉侵微暑，小立桐荫换夹衣”而已。而在岭南地区，却已暑气四侵，且雷雨亦较多了。

## 立夏的养生

夏季主阳，属火，为一年中阳气最盛的季节。此时人体的气血运行较快，新陈代谢活跃，心脏功能有增强的趋向。《素问·六节藏象论》指出：“心者，生之本……为阳中之太阳，通于夏气。”这是说，人体的心脏功能与夏季相应；所以，夏日的养生主要就是养护心脏，调适心情，端正心态，理顺心理。同时应早睡早起，多沐浴阳光，注意保持肝气的疏泄，否则会伤及心气，以致秋冬季节易生疾病。在饮食上，忌食性热升发或生冷食物，以免耗气伤津，或有损伤脾胃之阳。历代养生家都有一致的看法，均认为饮食进补宜清补，如《吕氏春秋·尽数篇》指出：“凡食无强厚味，无以烈味重酒。”唐代孙思邈也提倡“常宜轻清甜淡之物，大小麦曲，粳米为佳”，“善养生都常须少食肉，多食饭”，即现代观点以低脂、低盐、清淡的饮食为主。由于立夏是儿童发育最快的时段，因此要给儿童及时补充钙质、维生素及各种生长发育所需要的营养。

# 立夏汤品

## 壹 玉米须煲蚌肉汤

立夏时节，日照增强，骤雨增多，湿润的土地在阳光照射下蒸发出阵阵闷热，使人容易烦闷、口干、便赤及血压升高。本品气味清润，具有清热、止渴、行湿、明目、解毒之功效，可用于高血压、糖尿病、急慢性肾炎水肿、尿道感染、泌尿系结石、黄疸型肝炎、胆囊炎、胆结石等症的食疗。

［材料］玉米须 30～60 克，蚌肉 50～200 克，生姜 3 片。

玉米须，又称“粟米须”，性平味甘，具利水通淋、平肝泄热之功效，有降血压、利胆退黄的作用，《岭南采药录》说它“和猪肉煎汤治糖尿病，又治小便淋沥沙石”。蚌肉，又有河蚌、海蚌之分，两者均可，其性寒，味甘、咸，功能明目解毒、养肝凉血、散风止渴和滋阴，《本草拾遗》说它能“明目，除湿，止消渴”，《本草再生》认为它能“治肝热”，有治糖尿病、支气管炎、疔疮和妇科崩漏的作用。两者合而为汤，为立夏养生汤品之一。

［烹制］玉米须洗净，稍浸泡；蚌用清水养 1 日，且勤换水，以去污泥；然后与生姜一起放进瓦煲内，加入清水 1600 毫升（约 6 碗多量），武火煮沸后，改用文火煲 1 个半小时，调入适量食盐和生油即可（蚌肉可拌酱油佐餐）。此量可供 2～3 人食用。如作食疗，则宜隔日服食 1 次。

## 贰　车前草煲猪横脷汤

立夏之后，天气经常是一会雷雨交加，一会阳光灿烂，此时更需要解暑利湿的汤水，如本品。它口感先苦后甘，不淡不浓，亦汤亦药，具有祛湿清热、利尿通淋之功效，常被用于尿道炎、膀胱炎、眼结膜炎及湿热所致的白带过多等症的食疗，亦是夏季常见汤品之一。

［材料］新鲜车前草 60 克（用干品则 30 克），猪横脷（即猪胰）1 条，生姜 3 片。

车前草性寒味甘，功能利水通淋、清热明目，《药性论》说它“治血尿”、“明目，利小便，通五淋”，《滇南本草》认为它可“清胃热，利小便，消水肿”。猪横脷性平味甘，功能益肺润燥、健脾生津，《本草图经》说它能“润五脏”。合而为汤，则既健脾益胃，又祛暑利湿。

［烹制］车前草洗净，稍浸泡；猪横脷切去脂肪，用少许食盐腌片刻；然后与生姜一起放进瓦煲内，加入清水 2000 毫升（约 8 碗水量），武火煮沸后，改用文火煲 1 个半小时，调入适量食盐和生油即可（猪横脷可捞起切块状拌酱油佐餐）。此量可供 3 人食用。

## 叁　红枣炖羊心汤

春养肝，夏疗心，秋补肺，冬固肾是中医的养生理论。现代生活节奏不断加快，人们的精神和身体压力也不断加大，因此，入夏一开始就要重视养心，保持情绪稳定，善于劳逸结合，注重饮食调理。而饮食调理方面的汤品亦不少，本品气味清润，具有补心安神、镇惊悸之功效，亦适用于血虚心悸、思虑过度、烦躁不安等症。虽夏日不宜大补，但本品属清补类，不在此列。

［材料］红枣 10 枚，羊心 1 个，生姜 2 片。

红枣性温味甘，入脾、胃经，能补脾和胃，益气生津，可治心悸怔忡、妇人脏燥，《名医别录》说它能“助中益气，强力，除烦闷，疗心下悬”，《日华子本草》谓之“润心肺，止嗽，补五脏，治虚劳损”。羊心性温味甘，入心、肝经，能解郁、补心，治惊悸，《食疗本草》记载它有“补心”的功用，《随息居饮食谱》认为它能“治劳心膈痛”。合而为汤，共奏补心养神之功。

［烹制］羊心洗净，切块；红枣洗净，去核，稍浸泡；然后与生姜一起放进炖盅内，加入清水 750 毫升（约 3 碗水量）。加盖隔水炖 2 个小时，然后调入适量食盐和少量生油即可。此量可供 1～2 人食用。如作食疗用，则宜每周 1～2 次。

## 肆　金针木耳鸡丝汤

金针木耳鸡丝汤气味清润鲜美，具有补益气血、滋养容颜之功效，除了为女士青睐之外，还是老少男女皆宜的夏日滋补性汤品。

［材料］金针 100 克，木耳 50 克，香菇 5 个，鸡肉 400 克，生葱 2 条，生姜 3 片。

金针又名黄花菜，性凉味甘，所含的蛋白质几乎与动物肉接近，所含胡萝卜素超过胡萝卜，钙、磷、铁、钾非一般蔬菜能比，因而综合营养价值在各类蔬菜中名列前茅。古代把它看成贵如黄金的席上珍品，认为它能安五脏，利心志，健脾开胃，利湿热，宽胸膈，舒筋活络，消膀胱结石。木耳性平味甘，有润燥利肠、补益气血之功，其特点是含铁量很高，比肉类高 100 倍，堪称“含铁之冠”和“素中之荤”。香菇性平味甘，有养肝健胃之功。它们均有退黑斑、洁皮肤、降血压的作用，也是美容常用食品。鸡肉性平，味甘、咸，功能补阴益髓。金针、生葱味辛香，能温阳通脉，又可增清香醒脾之效。合而为汤，能补益气血、行血和血，使人气血充足，血脉调和而心情舒畅、仪容健美。

［烹制］各配料浸泡、洗净，香菇切成丝状；鸡肉洗净，切为丝状，用生粉、生抽、生油各 1 汤匙拌腌片刻；生葱洗净，切葱花状。在镬中加入清水 1500 毫升(约 6 碗水量)和姜，武火滚沸后，加入金针、木耳滚片刻，加入鸡丝，滚至熟透，下葱花和适量食盐、生油即可。亦汤亦菜，供 3～4 人食用。

## 伍　青红萝卜芡实排骨汤

立夏时常常气压较低，气温较高，人们易感到胸闷、积滞；而本品气味甘润，补而不燥，具有健胃消食、宽胸理气之功效，且男女老少咸宜，实为此时的饮食调理佳品。

［材料］青萝卜 460 克，红萝卜 300 克，芡实 30 克，猪排骨 500 克，蜜枣 3 枚，陈皮 1/4 个，生姜 2～3 片。

青萝卜功能清除内脏积尘和清热，红萝卜功能宽中行气，健胃而助消化。猪排骨功能补阴益髓。芡实功能补脾去湿。合而为汤，则宽中下气、健胃消渴，共成初夏佐餐汤品。

［烹制］芡实、蜜枣、陈皮洗净，稍浸泡，陈皮去瓤，蜜枣去核；青、红萝卜削皮，洗净，切块状；猪排骨洗净，切为块段；然后与生姜一起放进瓦煲内，加入清水 3000 毫升（约 12 碗水量），武火煮沸后，改用文火煲约 2 个小时，调入适量食盐即可（排骨、萝卜等可捞起拌酱油佐餐）。此量可供 3～4 人食用。

## 陆　金钱草薏米猪小肚汤

金钱草薏米煲猪小肚气味清香，具解暑气、利小便、清热解毒的功效，宜出汗多、小便短少或尿时有刺痛之用，同时亦可辅助治疗肾脏、输尿管、膀胱结石，也是高温时家庭清热祛湿汤品。

［材料］金钱草 50 克，薏米 50 克，猪小肚 3～4 个，陈皮 1/4 个，生姜 3 片。

金钱草性微寒，味甘、淡，入肝、胆、肾、膀胱经，有清热解毒、利尿通淋、除黄祛湿、排石止痛的功效，如《本草纲目拾遗》认为它“甘淡渗利、微寒清热、除湿热、利肝胆，善治黄疸初起”。薏米性微寒、味甘淡，入脾、胃、肺经，能上清肺中之热，下利肠胃之湿，同时又如《本草纲目》谓之“阳明药也，能健脾、益胃”。陈皮亦有化气祛湿之功。猪小肚即为猪的膀胱部位，民间一直认为能“以形补形”。

［烹制］金钱草洗净，稍浸泡；薏米洗净，稍浸泡；陈皮洗净，浸泡并去瓤；猪小肚用清水洗净，用生盐反复搓擦，再用清水洗净，置沸水中稍滚片刻，取出再洗净（即“飞水”），然后与生姜一起放进瓦煲内，加入清水 3000 毫升（约 12 碗水量），武火煲沸后，改为文火煲约 2 个半小时，调入适量的食盐和生油便可（猪小肚可捞起拌入酱油佐餐）。此量可供 3～4 人食用。

# 小满

（公历5月21日前后）

小满是夏季的第二个节气，每年的5月21日前后太阳到达黄经60°时开始。早在两千多年前，秦代《吕氏春秋》中就有『小满』的名称。而《月令七十二候集解》则这样解说其含义：『四月中。小满者，物至于此小得盈满。』从这一日起，麦类等夏熟作物的颗粒逐渐饱满，植物纷呈欣欣向荣的景象；而河溪江湖也开始进入丰水期，所谓『小满小满，江河都满』是也。

## 小满的特点

有一首节气歌最能反映此节气的气候特点：“立夏小满初夏到，气温显著升得高。南方雨水很充沛，北方风大雨水小。”此时雨水充沛，光照充足，温度适宜。江南一带平均气温在22 ℃左右，岭南地区则迎来典型的夏季气候。而在广州及珠三角一带气温会上升，雨量会增多。同时端午节常在此节气内。广东民间亦有句谚语：“未食五月粽，寒衣不敢送。”也就是说在端午节前，还可能会有阴冷的时刻。

## 小满的养生

小满时节，万物繁茂，生长最旺盛，人体的生理活动也处于最旺盛时期，消耗为四季中最多，所以应及时补充营养，以使身体五脏六腑不受损伤。祖国医学认为，春养肝、夏养心，其理论又认为“汗为心液”。夏日汗流最多，尤其要注意养心、补心。同时时至夏日，治病、调理、养生则宜偏清凉，可多食菊花、芦根、沙参、元参、百合、绿豆、淮山、冬瓜、节瓜等药材、时蔬，切忌过于温热，以免损伤阴津；同时也不宜过于寒凉滋腻，以免暑热内伏，不能透发。时至小满，“春困夏乏”，人易疲倦走神，故应经常到户外活动，吸纳清阳之气。

史书《周礼》曰：“凡和，春多酸，夏多苦，秋多辛，冬多咸……以甘养气”。《本草备要》亦云：“苦能泻热而坚肾，泻中有补也。”夏日饮食要多苦味。现代医学亦认为苦味食物富含氨基酸、维生素、甙类和微量元素等，有抗菌消炎、解暑祛热、提神醒脑、消除疲劳等多种医疗保健功能。

# 小满汤品

## 壹　茵陈蚬肉汤

小满时节，南方已开始夏收夏种，雨水仍比较多，日照却更强烈，“湿困夹暑”现象尤为普遍，所以除湿解热确是关键。本品有一股淡淡的药味，具有清热、利湿、解毒之功效，十分适宜此时服食。广东民间亦常以之辅助治疗急性黄疸型肝炎，效果不错。

[材料] 茵陈30克，蚬肉150克，猪瘦肉100克，生姜2～3片。

茵陈又名绵茵陈，是众所周知的清热利湿草药。其性凉，味苦、辛，入肝、脾、膀胱经，《本草经》说它“主风湿寒热邪气，热结黄疸”，《名医别录》认为它能“治通身发黄，小便不利”。蚬肉性寒，味甘、咸，功能清热、利湿、解毒，《唐本草》说它能“治时气，开胃”、“下湿气”，《日华子本草》认为它能“去暴热，明目，利小便，下热气，去脚气湿毒，解酒毒目黄”；有人认为它湿性重，纯属误解。配伍猪瘦肉作药引，生姜为佐料，合而为汤，共奏清热利湿之功。

[烹制] 茵陈用清水浸泡2遍，去除尘泥；蚬肉、猪瘦肉洗净；然后与生姜一起放进瓦煲内，加入清水2000毫升（约8碗水量），武火煮沸后，改用文火煲约2个小时，调入适量食盐及少许生油即可（猪瘦肉可捞起切片拌酱油佐餐，蚬肉和茵陈弃之勿食）。此量可供2～3人食用。如作食疗，则宜每周2～3次。

## 贰　木瓜猪肚汤

木瓜猪肚汤源于广东东莞民间，在当地还有“女寿星汤”的美称。味道清润，鲜美可口，有润肺、补肾、健胃的作用，且能美颜润肤。此汤其实男女老少皆宜。

［材料］半生熟木瓜1000克（1～2个），猪肚1个，干瑶柱25克，生姜3片。

木瓜被誉为“岭南佳果”，味美清香，甜滑多汁。民间常以之来炖、煮、炒或煲汤等。现代营养学认为它富含糖类，而含较少的蛋白质和脂肪，还含丰富的维生素A原、B族、C、D、E等，其所含的胰蛋白酶，能把人体内的蛋白质分解成为氨基酸。猪肚即猪的胃部，能补虚损、健脾胃，即民间流传的“以形补形”。古医书则说：“猪肚，为补脾胃之要品”。干瑶柱性平，味甘、咸，有滋阴补益的作用，更主要的是鲜美惹味，为广东民间煲汤的常用配料。合而为汤，醇香清润，补脾滋肾，润肺理气。

［烹制］木瓜洗净，去皮、核，切为块状；猪肚冲洗干净，用生粉反复揉擦，再用清水冲净，切为块状；干瑶柱浸泡40分钟以上，洗净后撕为丝状，然后与生姜一起放进瓦煲内，加入清水2500毫升（约10碗水量），武火煲沸后，改为文火煲约2个小时，调入适量食盐或少量生油便可（木瓜、猪肚可捞起拌酱油佐餐）。此量可供3～4人食用。

## 叁　益母草煲鸡蛋汤

初夏时正值中、高考之际，女学生们由于复习紧张和节令关系，这时或会出现月经不调甚至痛经症状，而及时服食本品，当大有助益。它气味清香，不燥不寒，具有行气活血、化瘀调经之功效，诚为南方夏日之女性养生佳品。

［材料］益母草30～60克，鸡蛋2个。

益母草性平，味辛、微苦，归心包、肝经，功能活血调经、利水消肿，《本草衍义》说它能“行血养血”，《本草蒙鉴》认为它可“行瘀血，生新血”，《本草纲目》亦指出它能“活血，破血，调经”。鸡蛋是大家熟悉的营养食品，性平味甘，功能滋阴润燥、补脾养血，《本草拾遗》说它有“益气”作用，《日华子本草》指出它能“镇心，安五藏，止惊”，《随息居饮食谱》认为它可“濡燥除烦”。二者合而为汤，尽显珠联璧合之美。

［烹制］益母草洗净，稍浸泡；然后与鸡蛋一起放进瓦煲内，加入清水450毫升（约1碗半水量），煎煮约20分钟，将鸡蛋捞起，于清水中冷却去壳，再放进瓦煲内煎煮片刻即可。如嫌有苦药味，可加入适量红糖。此量可供1人食用（吃蛋饮汤）。宜每周2～3次。

## 肆　芦笋草菇蚌肉汤

每到夏日，由于气压低而温度高，高血压和肥胖症患者就会比较难受，而本品气味清润鲜美，具有暖胃、利尿、降压、消脂之功效，特别适合这两种人饮用，同时亦有美容作用，确为一款味道鲜美的家庭夏令靓汤。

［材料］新鲜青芦笋 350 克，鲜草菇 100 克，鲜蚌肉 100 克，生姜 2 片。

芦笋原产欧洲和地中海沿岸，清末传入我国。按颜色可分为白、紫、绿，味甘质柔嫩而脆。中医认为它性凉味甘，功能补虚、暖胃、减肥、利尿、降血压、抗肿瘤。芦笋在西方被誉为“十大名菜之一”，是一种高档而名贵的蔬菜，营养学家和素食界人士均认为它是健康食品和全面的抗癌食品。草菇性凉味甘，功能益肠胃。蚌肉性寒，味甘、咸，功能止渴除烦、明目去湿、解酒毒热毒。合而为汤，则成夏日养生妙品。

［烹制］芦笋削去硬皮，切为段状；鲜草菇去蒂，洗净；鲜蚌肉洗净，稍浸泡；然后与生姜一起放进瓦煲内，加入清水 1500 毫升（约 6 碗水量），武火煮沸后，连续滚约 20 分钟，调入适量食盐及少许生油即可（芦笋、草菇、蚌肉可捞起拌酱油佐餐）。此量可供 2～3 人食用。

## 伍　绿豆芽蛤蜊汤

初夏时节，天气潮热，所以健脾除湿仍是养生基本方针；本品气味清润甘甜，具有清热解暑之功效，尤宜治疗身热暑湿、心烦口渴、小便不利、全身浮肿诸症，还可减肥，亦是小满时节汤品之一。

［材料］绿豆芽500克，蛤蜊肉250克，豆腐6小块，冬瓜皮1000克，生姜2～3片。

绿豆芽性凉味甘，入脾、胃、膀胱经，功能清热解毒、利水除湿。蛤蜊肉性寒，味甘、咸，入脾、胃、肾经，功能养阴生津、清热利湿。豆腐性寒，味甘、咸，功能补益脾胃、清热利水。冬瓜皮性微寒，味甘、淡，功能清热解暑、利水消肿。生姜则可稍减寒凉及暖胃。合而为汤，共奏清热解暑、利水消肿之功。

［烹制］蛤蜊宰净，去皮和脏杂，洗净；绿豆芽、冬瓜皮洗净；豆腐下油锅慢火煎至微香，铲起；然后先将蛤蜊肉、冬瓜皮、生姜片放进瓦煲内，加入清水2000毫升（约8碗水量），武火煮沸后，改用文火煲30分钟，再将绿豆芽、豆腐放入汤内滚片刻，调入适量食盐及少许生油即可（绿豆芽、蛤蜊肉、豆腐可捞起拌酱油佐餐）。此量可供3～4人食用。

## 陆　圆肉猪心汤

根据夏日养生原则，在注重清热去湿的同时，也应适当“补心”，以强化“心主神志血脉”的功能。本品气味清润，具有养心安神、补益气血之功效，可用于气血两虚诸症的食疗，尤宜中老年人作调养之用，诚为夏季养心的传统精品之一。

［材料］圆肉 30 克，党参 30 克，红枣 5 个，猪心 1 个，生姜 2～3 片。

圆肉即龙眼的干品，中药名桂圆，性平味甘，入心、脾经，功能补益气血，不滋不腻，向为滋补食药兼用之物。党参性平味甘，入脾、肺经，功能补中益肺，《本草正义》说它“力能补脾养胃，润肺生津，健运中气，本与人参不甚相远；其尤可贵者，则健脾运而不燥，滋胃阴而不湿，润肺而不犯寒凉，养血而不偏滋腻，鼓舞清阳，振动中气，而无刚燥之弊”。猪心性平味甘，入心经，功能养心安神而定惊。加红枣合而为汤，则倍增养心安神、补血益气之功。

［烹制］圆肉、党参、红枣（去核）洗净，稍浸泡；猪心切去肥油，洗净；然后与生姜一起放进瓦煲内，加入清水 1500 毫升（约 6 碗水量），武火煮沸后，改用文火煲 2 个小时，调入适量食盐及少许生油即可。此量可供 2 人食用。

# 芒种

（公历6月5日前后）

芒种是夏季的第三个节气，亦以反映物候而得名，每年的6月5日前后太阳到达黄经75°时开始。芒是指一些有芒的作物，如大麦、小麦等开始成熟，将要收割；种就是种子的意思，或表明晚谷黍稷等播种最忙的季节。有人把『芒种』解释为『忙种』，意义也通。《月令七十二候集解》这样解说其含义：『五月节。谓有芒之种谷可稼种矣。』

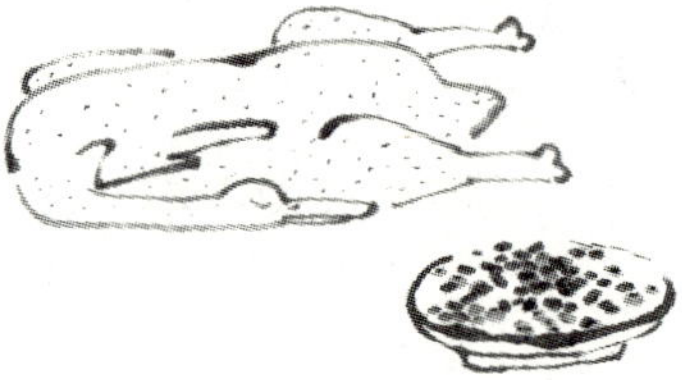

## 芒种的特点

农谚云：“芒种逢雷美亦然，端阳有雨是丰年。”意思是说芒种与端午日若响雷下雨，对粮食丰收有利。此时我国长江中下游一带将进入阴雨连绵的“黄梅雨”时节，这是由于力量相等的南北冷、暖空气长期在该地区交锋所致。梅雨开始过早过迟，雨量过少或过多，持续时间过短或长，则可能有旱或涝发生。所谓的南涝北旱多为这段时期。而岭南地区则进入雷雨时节，且气温仍会有较大的起伏变化。历年的气候表明，这段时期的确气温变化最大，雨量湿度也最大，涝汛也常在此节气里。

## 芒种的养生

这个时节由于天气还会有突然变冷的时候，所以起居上还须适当避雨防寒，并要早睡早起；同时精神上也要保持舒畅，努力避免恼怒和忧郁。因湿能伤脾，饮食方面则以去湿为主，并要少食油腻食物，以免外湿影响消化功能。南方气温高、雨量多，空气中的湿度增加，体内的汗液常无法通畅地散发出来，即热蒸湿动，湿热弥漫空气，人身之所及，呼吸之所受，均不离湿热之气，所以暑令湿胜必多兼受，使人感到四肢困倦、萎靡不振，调养精神更为重要。只有精神调养好了，机体才得以宣畅，通泄得以自如。其时也因阳气旺盛，天气炎热，稍有不慎易发生如急性肠胃炎、中暑、日光性皮炎、眼疾等，此外痢疾、乙脑、伤寒等也是此节气易发的传染病，应予预防。

# 芒种汤品

## 壹 蝎子淮山云苓猪瘦肉汤

此时人们常感到湿重脾虚腰酸麻痹，蝎子和中药淮山云苓煲猪瘦肉气味清润可口，具祛湿健脾活络的功效，为老少皆宜的靓汤。

[材料] 蝎子 30 克，淮山 40 克，云苓 25 克，蜜枣 4 个，猪瘦肉、猪碎骨各 300 克，生姜 3 片。

蝎子为近年广东各大酒家佳肴美汤的主料之一。中医认为蝎子有息风止痛、活络除湿的功效，可食药两用，是治疗风湿、类风湿、心脏病、支气管哮喘、高血压以及各种癌症的辅助食疗品。淮山是性味平和的补益药物，有健脾胃、补肺气、益肾精、滋养强壮的功效，能除寒热邪气，长志安神，助五脏，长肌肉，止泻痢，化痰涎，因而最适宜于身体虚弱、精神倦怠、食欲不振、消化不良、慢性腹泻、遗精盗汗、虚劳咳嗽、妇女白带、夜多小便和糖尿病患者食用。云苓有健脾安神，利水渗湿的功能，主治脾气虚弱、倦怠无力、食少便溏、心神不宁、心悸失眠、小便不利、水肿胀闷。三者配合猪瘦肉为汤，更有祛湿邪、活经络、健脾胃的功效。

[烹制] 蝎子用塑料袋装着，放进热水中烫约 5 分钟，取出洗净；各药物洗净，稍浸泡；猪瘦肉、猪碎骨洗净，肉整块不刀切，骨用刀背敲裂，一起与生姜放进瓦煲内，加入清水 3000 毫升（约 1～2 碗水量），武火煲沸后改文火煲约 3 小时，调入适量食盐和生油便可。此量可供 3～4 人食用。

## 贰　绿豆老鸭汤

多雨的芒种时节，人易感染暑湿诸症，所以仍要注意祛湿解毒。本品气味香浓甘润，具有清热解毒、利水祛湿之功效，作为一款常见的夏季家庭老火靓汤，食之正合其时。

［材料］绿豆120克，土茯苓40克，光老鸭1只，生姜2～3片。

绿豆性寒味甘，入脾、胃经，功能清热解毒、止渴利湿，自古便被视为消暑良药。土茯苓性平，味甘、淡，入肝、胃经，亦能利湿解毒，历代都被作为治疗杨梅疮毒的专药；《本草正义》说它“利湿去热，能入络，搜剔湿热之蕴毒。其解水银、轻粉毒者，彼以升提收毒上行，而此以渗利下导为务，故专治杨梅疮毒，深入百络，关节疼痛，甚至腐烂，又毒火上行，咽喉痛溃，一切恶症”。二物与老鸭肉合而为汤，更具清热解毒、利湿消暑之功。

［烹制］绿豆、土茯苓洗净，稍浸片刻；光老鸭宰洗净，去内脏、尾部；然后与生姜一起放进瓦煲内，加入清水3000毫升（约12碗水量），武火煮沸后，改用文火煲约3个小时，调入适量食盐即可（老鸭可捞起拌酱油佐餐）。此量可供3～4人食用。

## 叁 西洋参冬瓜猪排骨汤

西洋参冬瓜煲猪排骨汤气味清润、鲜美，具清热消暑、生津鲜渴、利水祛湿、健脾开胃之功效，十分适宜这个节气的养生调理，且男女老少皆宜，还特别适宜于烦热不适、口干喉涸、肝功能障碍、身体虚弱、妊娠浮肿者饮用。

[材料] 西洋参 30 克，薏米 100 克，新鲜荷叶 1/2 片，陈皮 1/4 个，冬瓜 600 克，猪排骨 600 克，生姜 3 片。

西洋参，广东人又称之为“花旗参”，性微寒，味甘、微苦，入肺、心、肾经，具有补气养阴、清火生津之功效。历代医书均认为西洋参是宜肺生津的佳品，素来喜爱滋补但又怕燥热的广东人更是钟爱用西洋参。薏米性凉味甘、淡，入脾、肺、肾经，有健脾利湿、清热排脓之功效，其作用如《本草述》称，薏米除湿而无苍术、白术之燥，清热而不如黄芩、黄连损阴，益气而不像参、术滋湿热，“诚为益中气要药”。尤在夏日常服可益气生津，又可利尿祛湿。鲜荷叶和冬瓜皆为解暑之物。猪排骨滋阴益髓。合而为汤，则除烦祛湿、消暑健脾。

[烹制] 西洋参洗净切片状，若已是参片则不用洗；薏米、陈皮洗净，稍浸泡并陈皮去瓤；鲜荷叶洗净；猪排骨洗净，然后与生姜一起放进煲内，加入清水 3000 毫升（约 12 碗水量），武火煲沸后改文火煲 2 个小时，最后放入鲜荷叶煲滚，调入适量生油和食盐便可（猪排骨可捞起拌酱油佐餐）。此量可供 3～4 人食用。

## 肆　冬瓜银耳煲去皮老鸡汤

本品气味鲜润甘美，具有补阴生津、健脾养胃之功效，既能消暑，又兼补益，实为男女老少皆宜的一款夏令靓汤；香港著名艺人曾志伟曾将其作为自己的“心水”汤品之一，向公众极力推荐。

［材料］冬瓜1000克，银耳30克，光老鸡1只，猪瘦肉150克，生姜2～3片。

冬瓜性微寒，味甘、淡，入肺、大肠、小肠、膀胱经，功能清热解暑、利水消肿，《本草再新》说它能“清心火，泻脾火，利湿去风，消肿止渴，解暑化热”，《名医别录》认为它“主治小腹水胀，利小便，止渴”，《本草图经》指出它“主三消渴疾，解积热，利大小肠”。银耳又名白木耳，性平味甘、淡，入肺、胃经，功能滋阴润肺、养胃生津，《饮片新参》认为它有“清补肺阴，滋液，治劳咳”的作用。老鸡性平味甘、咸，功能补益五脏，去皮则可减少脂肪。猪瘦肉在此作药引，并能助老鸡消寒凉，增补益。合而为汤，则消暑利水而无伤阴之弊，健脾养胃又兼润肺之功。

［烹制］冬瓜去皮，切为块状；银耳浸泡，撕为小朵，洗净；老鸡去皮和内脏，尾部，洗净切块；猪瘦肉洗净，整块不用刀切；然后与生姜一起放进瓦煲内，加入清水3000毫升（约12碗水量），武火煮沸后，改用文火煲2个半小时，调入适量食盐即可（冬瓜、银耳、鸡肉、猪瘦肉可捞起拌酱油佐餐）。此量可供3～4人食用。

## 伍　竹笋西瓜皮鲤鱼汤

本品对消除因“上晒下蒸”的气温导致人的湿重体倦十分有效。它鲜甜可口，具有祛湿降浊、健脾利水之功效，不仅适用于湿热困浊诸症，而且可用于湿性脚气、多发性神经炎、血管神经性水肿、特发性水肿、慢性肾炎、单纯性肥胖等症的食疗。

［材料］鲜竹笋 500 克，西瓜皮 500 克，眉豆 60 克，红枣 3 个，生姜 3 片，鲤鱼 1 条（约 750 克）。

竹笋性凉，味甘、微苦，功能开膈消痰、通利二便。西瓜皮性微寒，味甘、淡，功能利水祛湿。鲤鱼肉性平味甘，功能下气利水，且蛋白质含量丰富。加上眉豆的健脾祛湿，生姜的辛散水气，合而为汤，则既祛湿降浊，又清爽美味。

［烹制］竹笋削皮，切片，用清水浸泡 1 日；红枣（去核）、眉豆洗净，稍浸泡；鲤鱼去腮、内脏，不去鳞，洗净，慢火煎至微黄；然后与西瓜皮、生姜片一起放进瓦煲内，加入清水 2500 毫升（约 10 碗水量），武火煮沸后，改用文火煲 2 个小时，调入适量食盐及少许生油即可（鲤鱼、竹笋、眉豆可捞起拌酱油佐餐）。此量可供 3～4 人食用。

## 陆　莲子圆肉太子参猪心汤

“夏日补心”，莲子圆肉太子参煲猪心气味清润甘香，具有养心健脾、补心安神之功效，对多汗、盗汗、自汗及心血不足者尤为适宜（中医认为“汗为心液”），同时对脾虚所致的精神衰疲、烦躁、心悸、失眠等症也有良效，亦为夏日时的滋润饮品。

［材料］莲子 60 克，圆肉 15 克，太子参 30 克，猪心 1 个。

莲子性平，味甘、涩，功能健脾胃、养心神，《神农本草经》说它“主补中养神”。圆肉性平味甘，功能补益元血。太子参性平味甘，功能补脾益气，虽补虚功力不及人参、党参，但性更柔润，补而不滞，为清补心阴的常用中药。猪心性平，味甘、咸，功能补血、养心、安神，《食物本草备考》说它“补血不足”，“治惊邪忧患”，在此主要作药引。合而为汤，则补心以安神，益脾以养血，共成夏日家庭养生精品。

［烹制］莲子（去芯）、圆肉、太子参洗净，稍浸泡；猪心切开，洗净；然后一起放进瓦煲内，加入清水 1500 毫升（约 6 碗水量），武火煮沸后，改用文火煲 2 个小时，调入适量食盐即可。此量可供 2～3 人食用。

# 夏至

（公历6月21日前后）

夏至是夏季的第四个节气，每年的6月21日前后太阳到达黄经90°时开始。至，即极的意思，表示日影长到了极点。这一天白昼最长，夜晚最短。《月令七十二候集解》这样解说其含义：『五月中，夏，假也，至，极也，万物于此皆假大而至极也。』这一日太阳的高度最大，阳光几乎直射北回归线，北半球白天最长，黑夜最短，过了这一日阳光直射的位置逐渐向南移动。

## 夏至的特点

天文学上规定夏至为北半球夏季的开始。夏至节后，由于太阳辐射到地面的热量仍比地面向空中发散的多，所以在短期间内气温继续升高，天气开始变得炎热，并在夏至后的第三个庚日就进入伏天。伏天也称三伏。伏，是指隐伏起来，躲避盛暑的意思，亦表示阴气受阳气之所迫隐伏地下之意。自夏至日至立秋后的三伏天，是一年中最炎热的时段。在南方因前两个节气均为雨量最多之时，现马上炎热起来，上则烈日照射厉害，下因水分蒸发闷热，如广东人所说的“上晒下蒸”，这种气温是最难受的，如其民谚说“夏至狗，无处走”，意为连禽畜面对这气温亦走投无路了。

## 夏至的养生

夏至是阳气最旺的时节，养生要顺应夏日阳盛于外的特点，注意保护阳气，着眼于一个“长”字。嵇复的《养生论》对此有独见之处，认为夏季炎热，“更宜调息静心，常如冰雪在心，炎热亦于吾心少减，不可以热为热，更生热矣”。这是夏季养生法中的精神调养。饮食上宜食酸味以固表，多食盐味以补心；不可过食热性之物以免助热，不可过食冷饮瓜果，以免损脾胃。夏至既是最炎热时节的开始，也是人体调补和治疗宿疾的最佳时期之一，因为夏至日是一年中阴阳交替的关键时刻。此时，对冬季容易复发的慢性疾病，适当进行食疗，能起到平衡阴阳、以温胜寒的作用，故中医对此时的冬病夏治非常重视。这对于易感寒邪及阳虚患者尤为重要。

# 夏至汤品

## 壹　新潮三丝消暑汤

近年来，广东一带兴起不少新潮农庄和农科园，有不少新的无公害农产品问世。本品即以其中的一种竹芋干为原料，配以传统的冬瓜干和粉葛干精制而成，气味清润鲜美，有很好的消暑解热功效。

［材料］竹芋干、冬瓜干、粉葛干各120克，猪瘦肉400克，鸡爪6～8个，生姜2～3片。

竹芋是竹笋和芋头嫁接的新产品，肉质细嫩，纤维少而水分多，有清热消暑、利水消肿的功效。粉葛性凉味甘，早在秦汉以前就有“葛生川谷”，“解诸毒”的记载。其肉纯白，味甜如梨，纤维少。中医认为它有健肌退热、生津止渴、增强骨骼、延缓衰老的作用。现代医学认为它有降低血糖、血压、血脂，改善心脑血管循环的功能，是广东民间有名的“坠火”食物。配以清凉利水的冬瓜干，则相得益彰。滋阴益髓的猪瘦肉和鸡爪在此作药引兼补益、调味之功。

［烹制］竹芋干、冬瓜干、粉葛干洗净，浸泡至软，切成丝条状；猪瘦肉洗净，整块不用刀切；鸡爪洗净，去皮、甲；然后与生姜一起放入瓦煲内，加入清水2500毫升（约10碗水量），武火煮沸后，改用文火煲约2个小时，调入适量食盐（猪瘦肉、鸡爪可捞起拌酱油佐餐）。此量可供3～4人食用。

## 贰　谷麦二芽鸭肾汤

根据传统中医五脏配五行的理论，夏季，尤其是夏至，正是养脾健脾的好时节（火生土）；加上正值盛夏，人（尤其是小儿）容易积食内滞、胃气不和，所以，应适时对脾胃功能和消化系统加以调补。本品气味清香，具有健脾养胃、消食和中之功效，此时食之，正合其宜。

［材料］鸭肾 1～2 副，谷芽 12 克，麦芽 12 克。

鸭肾又名鸭肫，即鸭之沙囊，功能健脾消食。谷芽性温味甘，功能消食和中、健脾开胃。麦芽性平味甘，功能消食健胃。古药书《本草求原》说得十分准确，认为："凡麦、谷、大豆浸之发芽，皆得生升之气，达肝以制化脾土，故能消导。凡怫郁致成膨膈等症，用之甚妙，人知其消谷而不知其疏肝也。"合而为汤，消中有补，补而不滞，共奏健脾养胃、消食和中之功。

［烹制］鸭肾去衣，洗净，切片；谷芽、麦芽洗净，稍浸泡；然后一起放进瓦煲内，加入清水 1500 毫升（约 6 碗水量），武火煮沸后，改用文火煲约 1 个小时，调入适量盐、油即可（鸭肾可捞起拌酱油佐餐）。此量可供 2～3 人食用。

## 叁　沙参玉竹薏米鸡脚汤

沙参、玉竹、薏米煲鸡脚，略带甘淡的中药气味，清润可口，具有壮腰力、健筋骨的滋补功效，为夏日养生汤品，老少皆宜。

［材料］沙参、玉竹各25克，薏米15克，蜜枣4个，鸡脚8只，猪排骨200克，生姜3片。

沙参性微寒，味甘、淡，入肺、胃经，能清肺热，养肺阴，生津液，有滋补脏腑的功能。玉竹性平，味甘，入肺、胃经，有补阴润燥、生津止渴的作用。沙参、玉竹均为甘润滋阴之品，十分适宜南方气候的滋补使用，我们常用的“清补凉”就是以沙参、玉竹为主的滋补性质的汤料。中医认为鸡脚性平，味甘、咸，更能强筋骨、益血脉。猪排骨亦性平，味甘、咸，同样有益血脉、健筋骨、壮肾气的作用。加上在这个节令，人体总的来说还是偏燥的，因而宜加入清热、利湿、对皮肤粗糙有辅助治疗作用的薏米，使整个汤品的功效更适合我们南方此时气候的养生之用。

［烹制］沙参、玉竹、薏米洗净，稍浸泡；鸡脚洗净，去甲、皮后切开对半，用刀背敲裂鸡脚骨部位；猪排骨洗净，斩件，并与鸡脚一起置沸水中稍滚片刻，取出洗净（即“飞水”），然后一起放进瓦煲内，加入清水2500毫升（约10碗水量），武火煲沸后改为文火煲约2小时，调入适量食盐便可（鸡脚、猪排骨等可捞起拌入酱油供佐餐）。此量可供3～4人食用。

## 肆　苦瓜黄豆煲排骨汤

本品是广东潮汕地区的一款著名解暑清汤，它气味清润苦甘，具有清暑除热、明目解毒之功效，是潮汕民间治疗感暑烦渴、暑疖、痱子、眼结膜炎等症的一款常用药膳。

［材料］新鲜苦瓜 500 克，黄豆 100 克，猪排骨 250 克，生姜 3～4 片。

苦瓜，又名凉瓜，性寒味苦，入心、肝、胃经，功能清暑涤热，明目解毒，《滇南本草》说它能“泻六经实火，清暑，益气，止渴”、“治丹火毒气，疗恶疮结毒”，《泉州本草》则认为它“主治烦热消渴引饮，风热赤眼，中暑下痢”。黄豆又名大豆，广州人称之为白豆，性平味甘，入脾、大肠经，功能健脾宽中，《日用本草》说它“宽中下气，利大肠”。猪排骨性平，味甘、咸，入脾、胃、肾经，功能滋阴润燥。合而为汤，共奏清暑涤热、益气止渴之功。

［烹制］苦瓜、黄豆、排骨、生姜洗净，苦瓜去核切块；黄豆浸泡片刻；排骨切成段状；然后一起放进瓦煲内，加入清水 1500 毫升（约 6 碗水量），武火煮沸后，改用文火煲 1 个小时，调入适量食盐即可。此量可供 2～3 人食用。

## 伍　冬瓜薏米荷叶田鸡汤

本品是一款瓜类加低脂肪肉类的盛夏养生汤品，它气味清甜，具有清热祛湿之功效，同时有助于减肥。

[材料] 冬瓜 500～750 克，薏米 30 克，鲜荷叶 1/2 片，田鸡 2～3 只，猪瘦肉 250 克，陈皮 1/4 个，生姜 3 片。

冬瓜性平，味甘、淡，功能消暑湿、养胃液、涤秽消痈、行水消肿，现代医学研究证明它可抑制糖类转化为脂肪，对防止人体发胖有重要作用。薏米性凉味甘，入脾、肾、肺经，功能有健脾补肺、清热利湿，《本草纲目》说它“健脾益胃，补肺清热，去风胜湿”。荷叶性平，味甘、涩，入心、肝、脾经，功能清暑利湿，《本草再新》说它能“清凉解暑，止渴生津，治泻痢，解火热”。田鸡性凉味咸，民间认为它有大补元气和治脾虚的作用。猪瘦肉能润燥补髓。陈皮则化气消积。合而为汤，则清暑热而不伤阴，生津液而养脾胃。

[烹制] 薏米、荷叶、陈皮洗净，稍浸泡并把陈皮去瓤；冬瓜连皮洗净，切成块状；田鸡洗净，去皮、内脏，切成块状；猪瘦肉洗净，整块不用刀切；然后与生姜一起放进瓦煲内，加入清水 2500 毫升（约 10 碗水量），武火煮沸后，改用文火煲约 2 个小时，加入适量食盐即可（田鸡、猪瘦肉、冬瓜可捞起拌酱油佐餐）。此量可供 3～4 人食用。

## 陆　生地黄水蟹汤

仲夏过后，正是水蟹上市之时。有人说水蟹是湿热之物，中医却认为它有清热解毒、补肾添髓、养筋活血及通经络、利肢节、续绝伤、滋肝阴和充胃液之功效。味道鲜美的水蟹粥许多人都尝过，但类似本品以中药配伍为汤者，则鲜为人知。它气味清润鲜甜，具有养阴和血、退热散结之功效，可用于阴虚热结诸症，如咽喉肿痛、衄血、面赤、头痛、血燥变生痈疮等，为盛夏时节的一款药膳汤品。

［材料］生地黄50克，水蟹3只，蜜枣2枚，生姜2片。

生地黄性寒，味甘、苦，入心、肝、肾经，功能清热凉血、养阴生津，《神农本草经》说用它“作汤，除寒热积聚、除瘻”，《本草从新》认为它有“治血虚发热”的作用。生地黄味甘重于苦，故养阴补血之力增强，如《本草经疏》谓之“乃补肾家之要药，益阴血之上品”。水蟹性寒味咸，功能清热散结、健胃生津，《本草纲目》指出“盐蟹汁，治喉风肿痛”。蜜枣则能滋润养阴。合而为汤，则滋阴养血而润燥、清热凉血而散结之功俱全。

［烹制］生地黄、蜜枣洗净，稍浸泡并蜜枣去核；水蟹宰后洗净；然后与生姜一起放进瓦煲内，加入清水2500毫升（约10碗水量），武火煮沸后，改用文火煲约2个小时，调入适量食盐即可。此量可供3～4人食用。

# 小暑

（公历7月7日前后）

小暑是夏季的第五个节气，每年的7月7日前后太阳到达黄经105°时开始。『暑』是炎热的意思。《月令七十二候集解》这样解说其含义：『六月节。……暑，热也，就是热之中分为大小，月初为小，月中为大，今则热气犹小也。』

## 小暑的特点

古籍《群芳谱》说：“暑气至此尚未极也。”意指这个时节暑气上升，气候炎热，但还没有热到极点，一般三伏天的初伏在此节气的前后。但值得注意的是，从气象学来说，小暑是全年降水量最多的一个节气，汛期（每年汛期一般开始于6月下旬至7月上旬，结束于8月底至9月初，雨量约占全年总雨量的60%以上）也是从这个节气开始，并会出现大暴雨、雷击或冰雹。而在南方地区，小暑还是台风多发时段，往往会出现风云突变的异常气候。暑热和雨水交替正是此时南方天气的特点。

## 小暑的养生

小暑时节，万物繁荣茁秀，人们也可相应晚睡早起，多做一些有利于心情愉快的适当活动，使体内的阳气向外宣泄，使之与“夏长”的气候特点相适应，以符合夏季养“长”之原则。而在饮食上，总的来说既要清热解暑，也要健脾开胃，同时兼顾生津止渴和养心安神，并适当消水祛湿。

在南方进入小暑节气后，日照时间和紫外线强度都加大。此期的炎热酷暑，不仅会引发中暑、肠炎等疾病，也易使肝脏受损。中医认为，肝脏是人体重要的免疫器官，夏日受损原因有三：“小暑过，每日热三分”，大量出汗引起体内水和电解质的丢失，并消耗大量的生命能源，人体的各种代谢和解毒都靠肝脏承担，酷暑天气自然影响肝内血流、能源，最后损伤肝组织；昼长夜短，睡眠不足，引起肝脏血流相对不足，影响肝细胞的营养滋润，抵抗力下降；夏日食物易变质，若饮食不注意，会加重肝脏的负担，如肝脏功能不好，会引起病毒血症、菌毒血症。因此养肝也是应注意的。

# 小暑汤品

## 壹　冬瓜荷叶猪脊骨汤

本品气味清香，具有消暑、祛湿、通利小便之功效，主治暑湿诸症，不妨作为小暑时节家庭的首选汤品。

［材料］冬瓜 1500 克，鲜荷叶 1/2 片，赤小豆 30 克，陈皮 1/4 个，猪脊骨 500 克，生姜 3 片。

赤小豆性微寒，味甘，功能利水消肿，利湿退黄，清热解毒。猪脊骨性平味甘，功能补脾益髓。冬瓜有消暑湿、养胃液、涤秽、消痈、利水、消肿的功效。鲜荷叶善清泄暑邪，如《本草从新》曰“清凉解暑，止渴生津，治泻痢，解火热”。陈皮能理气健脾、燥湿化痰、生津止渴。合而为汤，共奏消暑、利湿、健脾之功。

［烹制］冬瓜洗净，连皮切为大块；赤小豆、陈皮洗净，浸泡片刻，并陈皮去瓤；鲜荷叶洗净；猪脊骨洗净，用刀背敲打至见脊髓。先将赤小豆、生姜和陈皮放进瓦煲内，加入清水 3500 毫升（约 14 碗水量），武火滚沸后，下冬瓜、猪脊骨、鲜荷叶，滚沸后再改用文火煲约 2 个小时，调入适量食盐即可。此量可供 3～4人食用。

## 贰　白果泥鳅汤

盗汗、自汗是盛夏常见现象，主要是由于酷暑造成了人体阴津的大量消耗，尤以小儿为甚。本品气味鲜甜，色如牛乳，具有补中益气之功效，最宜盗汗、自汗者食用，男女老少咸宜。

[材料] 白果 10～15 枚，泥鳅 300～500 克，生姜 2 片。

白果又名银杏，性平，味甘、苦、涩，入肺、肾经，功能敛肺定咳、止带消浊，《本草纲目》说它“熟食温肺益气，定喘嗽，缩小便”。泥鳅又名鳅鱼，是一种高蛋白低脂肪的水产品，不仅肉质细嫩，营养丰富，而且还有较高的药用价值，故有“水中人参”之美誉，夏季食之最佳。中医认为它性平味甘，功能调中益气、滋阴清热、祛湿解毒、通络益肾、收敛止泄，对盗汗、水肿、黄疸、阳痿、痔疮、癣疥等症均有疗效。二者合而为汤，更具滋阴益气、固表敛汗之功。

[烹制] 白果去壳洗净，稍浸泡；泥鳅先用盐洗刷，去其黏液，再用清水洗净，置镬中慢火煎至金黄色，并溅入少许清水；然后与生姜一起放进瓦煲内，加入清水 2000 毫升（约 8 碗水量），武火煮沸后，改用文火煲 1 个小时，调入适量食盐即可。此量可供 2～3 人食用。

## 叁　顺德解暑“四宝汤”

这是一款具有独特顺德风味的家乡传统汤品。所谓“四宝”，是指咸鱼头、白芋仔、大豆芽和水瓜，这些都是不起眼的食物和蔬菜，四者合而为汤，味道调和，口感多样，有清热解暑的功效，确为一款价廉物美的家庭靓汤。

［材料］咸鱼头大半个，白芋仔、大豆芽各250克，水瓜750克，生姜3片。

咸鱼头为腌制海鱼的头部，虽然骨多肉少，但味道悠长隽永，广东人认为它是下气消炎之物，为滚汤或煲汤的好材料，谓之“不是药物胜似药物”。中医亦认为其性平，味咸，有消炎、降火之功。芋头有母芋和子芋之分，母芋为主根球茎，边上的小块根球是子芋，又叫芋艿，广东人称之为“芋仔”，亦即白芋仔，其松化软糯，可粮可菜，甜香可口，中医认为它有益胃、宽肠、通便、解毒和调中益气的作用。大豆芽性平味甘，是黄豆浸泡后发芽而成的一种蔬菜，不仅保存了黄豆的营养，且在发芽时形成了许多新的营养物质，粤菜中素菜的高汤常用大豆芽等熬制而成。水瓜性味甘、淡，能清热解暑，做汤其味清甜，质地柔软，别有风味。

［烹制］咸鱼头用淘米水洗净，晾干水，切件；白芋仔刮皮，切件，洗净；大豆芽去根部，洗净；水瓜刮皮，洗净，切块状。起油镬爆香姜片，下水瓜略爆炒，铲起，再爆透大豆芽，加入清水1250毫升（约5碗水量），下白芋仔、咸鱼头，滚熟后，下水瓜片刻，调入适量食盐便可。亦汤亦菜，可供3～4人食用。

## 肆　夏枯草白豆猪横脷汤

盛夏汤饮多为解暑清热祛湿之品，但间中也应适时补充一些滋润之品，以保持一种养生的动态平衡。本品气味先苦后甘，具有清实热、降虚火、养肝阴、滋脾胃之功效，不腻不燥又滋补，不愧为一款当令佳品。

［材料］夏枯草 60 克，白豆 30 克，猪横脷 1 条，陈皮 1/4个。

夏枯草性寒，味辛、苦，入肝、胆经，功能清肝明目、消肿散结，《本草通玄》说它“补养厥阴血脉，又能疏通结气”，《本草从新》亦说它“辛苦微寒，缓肝火，解内热，散结气”。现代医学认为它还有降血压的作用，民间亦常在盛夏以之泡茶解暑。白豆即黄豆、大豆，是广东俗称，性平味甘，功能宽中益气，利大肠，清热解毒，利水消肿，是营养丰富、含蛋白质极高的食品。猪横脷即猪的胰脏，性平味甘，功能益肺润燥、健脾生津，《本草图经》说它能“润五脏”。陈皮功能化气去腻。诸物合而为汤，共成滋润清热的汤品。

［烹制］夏枯草、白豆、陈皮洗净，稍浸泡，并把陈皮去瓤；猪横脷切去脂肪，用盐稍腌片刻；然后一起放进瓦煲内，加入清水 2500 毫升（约 10 碗水量），武火煲沸后，改用文火续煲 2 小时，调入适量食盐即可（猪横脷可捞起切块拌酱油佐餐）。此量可供 3～4 人食用。

## 伍　西瓜皮荷叶海蜇汤

这时“龙舟水”已过，日照猛烈，地面水分蒸发更快，所以人会觉得蒸热难受。本品气味清香，具有清热解暑、清肺止咳之功效，对付这种暑湿天气，十分有效；同时还可用于暑热伤肺之轻症或暑热病发汗后余邪未解者，可谓应时汤品。

［材料］西瓜皮、丝瓜各500克，鲜荷叶、炒扁豆各60克，鲜海蜇250克，鲜竹叶心15克。

西瓜皮性微寒，味甘、淡，入肺、肾、膀胱经，功能清热解暑、利水祛湿、生津止渴。荷叶性平，味甘、微苦，入脾、肾经，功能清热解暑、升发清阳。海蜇性寒味苦，入肺、胃经，能清热化痰及止咳。丝瓜性寒味苦，入肺经，能清肺热并解暑。诸物与鲜竹叶心、炒扁豆合用，共奏清热解暑、清肺止咳之功。

［烹制］炒扁豆、鲜荷叶、鲜竹叶心洗净，稍浸泡；海蜇、西瓜皮、丝瓜洗净、切块，先把海蜇、西瓜皮、扁豆、荷叶、鲜竹叶心放入瓦煲内，加入清水2000毫升（约8碗水量），武火煮沸后，改用文火煲1个小时，再放入丝瓜，煲沸片刻，调入适量食盐及少许生油即可。此量可供3～4人食用。

## 陆　山稔芥菜汤

盛夏时节，有时以斋汤（即不放鱼肉）佐餐，养生效果也许更好。本品即属此列，它气味清素甘润，具有健脾胃、去积腻、疏风热、解暑邪之功效，尤其适宜风热感冒轻症及食积、消化不良、高血压、高胆固醇等症；亦用于减肥去脂。

[材料] 山稔5个，大芥菜500克，生姜3片。

山稔又名三稔，与杨桃同类，均为酢浆草科植物的果实，但杨桃味甘甜而山稔味酸涩，产于南方，皮肉脆软，含丰富的果酸及维生素，中医认为它性平，味酸、甘、涩，功能生津止渴、醒胃消积，并能疏散风热。大芥菜又名潮州大芥菜、潮菜，性微温，味苦、辛，功能健胃和中、宣肺豁痰，《名医别录》说它能“利九窍，明耳目”。合而为汤，则为调理胃肠，并能为减肥消脂饮品。

[烹制] 山稔洗净削去棱角，横切成星形片或直切成条状；大芥菜洗净，切为短度状；于瓦煲内加入清水1500毫升（约6碗水量）和生姜，武火滚沸后，放进山稔、大芥菜；再滚沸后，改为文火煲至芥菜熟，加入适量食盐即可（大芥菜可捞起拌酱油及生油佐餐）。此量可供3～4人食用。

# 大暑

（公历7月23日前后）

大暑是夏季最后一个节气，也是一年中最热的节气，每年的7月23日前后太阳到达黄经120°时开始。《月令七十二候集解》这样解说其含义：『六月中，解小暑。』《通纬·考经援神契》则指出：『小暑后十五日斗指未为大暑，六月中（夏历）。小大者，就极热之中，分大小，初后为小，望后为大也。』

## 大暑的特点

大暑正逢中伏前后，而在中伏到末伏之间，气温将达到最高点，因此民间有“热在中伏”的说法。此时我国大部分地区气温都是一年之中最高的，平均气温 26～36 ℃，最高气温可达 44 ℃左右。同时，因处于汛期，故民间还有“小暑大暑，淹死老鼠”的谚语。这就是说，在大小暑这两个节气里雨水多，汛、涝最多，而在南方则是酷热之时，且又是台风多雨的季节。

## 大暑的养生

夏主阳，至大暑则阳气极而开始转阴，但由于天气以此时最为炎热，所以仍须防暑降温，宜多处阴凉之地。在饮食选择方面，则要以清淡芳香为主，清淡易消化，芳香可刺激食欲。同时进食要定时定量，注意多饮开水，适当吃些瓜果冷饮，特别是新鲜果汁，但冷饮不能过量，以免伤阳气。

中医有“天人相应”的养生学说，即人体的精神心理、心态情绪会随着自然和季节的变化而发生变化，气候变化会引起生理和精神情绪的变化。大暑时节高温酷热，人们易动“肝火”，会产生心烦意乱、无精打采、思维紊乱、食欲不振、急躁焦虑等异常行为，这是“情绪中暑”所引起的。现代医学生理学也认为：人的神经细胞对夏日的气温、气压、湿度和气流等气象要素的变化高度敏感，高温天气会影响人体大脑的情绪调节中枢，继而影响大脑的神经活动和内分泌，于是产生了一系列类似“中暑”的症状。特别是老年体弱者，会造成心肌缺血、心律失常和血压升高，甚至会引发猝死。南方的暑热日特别长，这些均应尤其注意。

# 大暑汤品

## 壹　鲜荷叶老冬瓜汤

大暑时"赤日炎炎似火烧"，鲜荷叶老冬瓜汤为广东民间常用的解暑汤饮，它以新鲜荷叶为主，气味清润淡香，解暑功效特强，对暑热造成的口淡、口渴、烦躁、尿黄、失眠、纳差等症十分有效；而且宜咸宜甜，清热而不伤脾，利水而不伤阴，特别适合于此时饮用。

［材料］鲜荷叶 1/2 片，老冬瓜 1500 克，炒扁豆、薏米、赤小豆、猪苓、泽泻、木棉花各 12 克，灯芯花 5 扎。

荷叶性平味苦，功能清热解暑、除烦利尿，《本草再新》说它能"清凉解暑，止渴生津，治泻痢，解火热"。而新鲜荷叶解暑力更强。冬瓜性微寒，味甘、淡，功能清暑利水、除烦止渴，老冬瓜则清热作用更大。炒扁豆性微温、味甘，功能健脾化湿。薏米性凉，味甘、淡，功能利水渗湿。猪苓性平味甘，功能渗湿、清热、祛水。泽泻性寒味甘，与猪苓功能相近。赤小豆性平，味甘、酸，功能利水消肿、解毒排脓。木棉花则为广东著名的清热祛湿药材。上述诸物合而为汤，互补互助，倍显清暑除热、祛湿利水之功。

［烹制］鲜荷叶洗净；老冬瓜连皮、仁切成大块；其余汤料洗净，稍浸泡；然后一起放进瓦煲内，加入清水 3000 毫升（约 12 碗水量），武火煲沸后，改用文火煲约 3 小时，调入适量食盐（亦可不用盐而加黄糖）即可。此量可供 3～4 人食用。

## 贰　消暑四豆汤

本品是以豆类为主的一款解暑汤品，其中的赤小豆、扁豆、绿豆、黑豆作为君臣药，甘草作为佐使药，搭配颇妙。它气味香润清甜，具有清热解暑之功效，且不寒不凉，可谓老少咸宜。

［材料］赤小豆、扁豆、绿豆、黑豆各 30 克，甘草 6 克。

赤小豆性平味甘，功能解毒、清热、利水，常用于疮疔初起、黄疸水肿、便血等症。扁豆性平味甘，功能和中化湿、补脾止泻，常用于暑湿腹痛、脾虚泄泻及带下等症。绿豆性寒味甘，入脾、胃经，功能清热解经、消暑利湿和止渴，自古便被视为消暑解毒的良药，亦为此汤关键药物。黑豆性温味甘，功能利小便、润肌肤、好颜色，在此则既助赤小豆、扁豆、绿豆的消暑利水作用，又能减缓其寒凉之性。而甘草在此乃用其调和百药之功。合而为汤，则消暑而不寒凉，利水而不伤肾。

［烹制］各豆和甘草洗净，稍浸泡，一起放进瓦煲内，加入清水 2500 毫升（约 10 碗水量），武火煲沸后，改用文火煲 2 个小时，调入适量红糖即可（亦可淡服）。此量可供 3～4 人食用，亦可贮冰箱作冷饮。

## 叁　灵芝猴头菇竹丝鸡汤

灵芝猴头菇煲竹丝鸡气味醇和清润，具有健脾养胃、滋阴益气、养心安神的功效，同时亦适于脾胃运化不好，心烦失眠者饮用，尤为夏闷日的养生汤水。

［材料］灵芝 100 克，猴头菇 150 克，圆肉 30 克，红枣 4 个，竹丝鸡 1 只，生姜 3 片。

灵芝性微温味甘，功能补气益血、养心安神、驻颜悦色。《神农本草经》认为它能“主耳聋，利关节，保神，益精血，坚筋骨，好颜色，久服，轻身延年不老”。现代医学亦认为它有镇静、护肝、降血压、降血糖的作用。猴头菇是一种营养丰富、有养胃健胃和抗癌作用的美味食用菌，性平味甘，能补脾、健胃、益气、助消化和抗肿瘤。圆肉性平味甘，能健脾养胃、补血安神，《泉州本草》说它功能“壮阳益气，补脾胃”。红枣甘润能养血健脾，生姜辛温能健脾和胃，两者能让汤味醇和清润。竹丝鸡又叫乌骨鸡，性平，味甘、咸，功能健脾益气、养阴退热，《本草经疏》谓之“乌骨鸡补血益阴则虚劳羸弱可除，阴回热去则津液自生”。

［烹制］灵芝、猴头菇浸泡，洗净，切为厚片状；圆肉、红枣洗净，浸泡，红枣去核；竹丝鸡宰后洗净，去肠杂、尾部，斩为块状；然后与生姜一起放进瓦煲内，加入清水 3000 毫升（约 12 碗水量），武火煲沸后改为文火煲约 2 个半小时，调入适量的食盐和少许生油便可。此量可供 3～4 人食用。

## 肆　粉葛竹叶鲮鱼汤

夏日炎炎人易上火，“骨火”便是其常见症状之一，表现为颈项强直，全身筋骨疼痛。中医认为暑热之邪，伤人最速，发病初起多由阳明胃经；而治疗原则乃是“首用辛凉，继用甘寒”（《伤暑全书》）。本品充分体现了这一原则，其中的粉葛根属于“辛凉”之物，竹叶则属“甘寒”之物。本品气味鲜美，功能清热解暑、生津止渴，对“骨火”尤其有效；同时也适宜于暑热初起诸症，如身热汗多，心烦口渴，背微恶寒等。

［材料］粉葛根 500 克，竹叶 15 克，新鲜鲮鱼 2 条（约 500～600 克），生姜 3 片。

粉葛根性凉，味辛、甘，入脾、胃经，功能解肌退热、生津止渴、透发麻疹、升阳治利（治夹热下利），现代医学认为它还有扩张冠状动脉，增加冠状动脉和脑部血流量及解痉的作用。竹叶性寒味甘，功能清热生津。鲮鱼性平味甘，功能补益生津。合而为汤，共奏清热解痉、生津止渴之功。

［烹制］粉葛根去皮洗净，切成片状；竹叶洗净，稍浸泡；鲮鱼宰洗净，慢火煎至两面微黄，然后与生姜一起放进瓦煲内，加入清水 2500 毫升（约 10 碗水量），武火煲沸后，改用文火煲约 2 个小时，调入适量食盐及少许生油即可（鲮鱼可捞起拌酱油佐餐）。此量可供 3～4 人食用。

## 伍　咸柠檬鸭汤

本品气味咸中带酸，香中有甘，具有消暑生津、养脾醒胃之功效，十分适宜于暑浪熏蒸之际饮用。

［材料］咸柠檬 1/3 个，瘦光老鸭 1 只（约 600 克重），猪排骨 300 克，生姜 2～3 片。

柠檬性微温，味甘、酸，功能化痰止咳、生津解暑、健脾消食，而经食盐腌过的柠檬功效更佳，尤宜食欲不振、消化不良者食用。现代医学认为柠檬富含维生素，可降低血压，缓和神经紧张，帮助消化并分解体内毒素；其所含的大量柠檬油，对增进血管功能，预防血管性紫斑病和脑溢血有一定作用；其独特的柠檬酸能减弱钙离子的凝血作用，防止血小板凝聚及高血压和心肌梗死。鸭肉性凉，味甘、咸，功能清热下火、健胃补虚；尤宜体热虚弱、食少便结及水肿患者食用。二者配伍，加以益髓润燥的排骨合而为汤，则解暑、健胃、益脾之功毕具。

［烹制］咸柠檬洗净，切开对边，去核；光鸭切去脚、尾部，洗净，置沸水中稍滚片刻，再用清水洗净（即“飞水”）；猪排骨洗净，然后与生姜放进瓦煲内，加入清水 3000 毫升（约 12 碗水量），武火煲沸后，改用文火煲约 2 个半小时，再下咸柠檬复煲 10 分钟即可（如觉味淡，可下少许食盐）。此量可供 3～4 人食用。

## 陆　祈艾煲鸡蛋汤

有些女性一到盛夏就会出现低热、乏力、不思饮食、心悸、失眠、多梦及月经不调、白带增多乃至浮肿等临床现象，而到秋后便会逐渐消失。这其实是一种功能失调的表现，并非什么器质性病变，中医对此常以益母草、祈艾等药物进行调理。本品即为这一调理方法的饮食应用。它气味甘中带苦，亦汤亦茶，对上述等妇科症状有良好疗效，不失为夏季女性的养生精品。

［材料］祈艾叶 12 克，鸡蛋 2 个，生姜 1～2 片。

祈艾又名大艾、五月艾，性温，味苦、辛，入脾、肝、肾经，功能温经止血、调经安胎、散寒除湿和止痛，《得配本草》说它“走足三阴通十二经，兼入奇经脉络，理气血”，《生草药性》指出它长于“祛风”。鸡蛋性平味甘，功能滋阴润燥、补脾养血、长肌肉，《本草拾遗》说它有“益气”作用，《随息居饮食谱》指出它能“补血安胎，濡燥除烦”。合而为汤，则大有滋阴养血、散邪止痛之功。

［烹制］祈艾洗净，稍浸泡，然后与鸡蛋、生姜一起放进瓦煲内，加入清水 650 毫升（约 2 碗半水量），煮沸熟后，捞起鸡蛋，于清水中浸泡去壳，再放进瓦煲内稍煮片刻即可。此量可供 1～2 人食用（饮汤吃蛋）。

# 秋季

立秋·立秋汤品
处暑·处暑汤品
白露·白露汤品
秋分·秋分汤品
寒露·寒露汤品
霜降·霜降汤品

# 立秋

（公历8月7日前后）

立秋是二十四节气中的第十三个节气，也是秋季的第一个节气，每年的8月7日前后太阳到达黄经135°时开始。『秋』表示植物将成熟而可收获的意思。《月令七十二候集解》这样解说其含义：『立字解见春（立春）。秋，揪也，物于此而揪敛也。』正如春耕、夏种、冬藏一样，秋收，也道出了秋天的气候特点，以及此时传统社会的主要生活内容。

## 立秋的特点

立秋到了，虽说“立秋之日凉风至”，但在有些地方，还不能算是秋季的开始。因为我国地域辽阔，“一天有四季，十里不同天”的情况十分常见。现在划分秋季的标准是以当地连续5日的平均温度在22℃以下，才算入秋。况且大热三伏天的末伏还在立秋后的第3、4日，尤其在南方，此节气内还是夏暑之时。暑气余威尚盛（有时气温可高达35℃），雨水仍多，所以从立秋直到秋分这段时间，中医称为“长夏”。在南方有时到白露时节还是“长夏”的暑湿日。

## 立秋的养生

明代大医学家张景岳指出：“春应肝而养生，夏应心而养长，长夏应脾而变化，秋应肺而养收，冬应肾而养藏。”其中的“长夏应脾而变化”，是说湿为长夏的主气，人体的脾脏与之相应，故须养脾防湿。在我国不少地方，尤其是南方，湿病也多见于此时期。中医认为湿为阴邪，好伤阳气，尤其是脾阳；因为脾脏喜燥而恶湿，一旦受湿气伤扰，则会导致脾气不畅，表现为消化吸收功能低下。因此，此时在养生饮食方面，仍应以清热祛湿、健脾和中为主。当然，也可根据具体的气候情况适当地清肺润燥。另外，起居上要注意白天防热，早晚防凉，不宜赤身裸睡。同时中医认为立秋的养生要诀是，护阳养防暑湿。夏日和长夏时是一年中阳气最盛的季节，天气炎热而生机旺盛，即人体新陈代谢处于最旺盛之时。中医常说“春夏养阳”，也就是说即使在赤日炎炎之时仍要注意保护体内的阳气，具体来说要注意摄入适当的补养之物。养生饮食上宜多食粥品，尤其是豆类的粥品或汤水，因其富含植物蛋白质，并有健脾利湿的功效。

# 立秋汤品

## 壹　椰子黄豆竹丝鸡汤

新鲜椰子和黄豆、无花果煲鲜鸡汤清润可口，有养阴润肺、益气健胃的功效，营养价值十分丰富，为老少皆宜的秋日养生汤品。

［材料］椰子1个，黄豆50克，无花果6个，光竹丝鸡1只，生姜3片。

椰子是海南岛的特产，也为岭南佳果之一，其椰肉和椰汁皆性微热，味甘甜，含丰富的蛋白质、脂肪、粗纤维、磷、铁、镁、钾、钠、硒等。它们均有一定的医疗价值，椰肉有益气、治风、令人面色悦泽之功用，椰汁可强心、利尿、治疗充血性心力衰竭和周围水肿。黄豆被称为“营养之花”，是备受营养学家推崇的食物，富含人体所需要的8种必需氨基酸，接近全价蛋白，其脂肪含量也很丰富。中医认为其性平味甘，有宽中益气、利大肠、清热解毒的功效。现代医学还认为它可预防动脉硬化，抑制人体发胖，防止缺铁性疾病，补充中老年人和儿童的钙质，减少胆固醇在体内的积存，增强脑细胞发育，增强记忆力，降低糖尿病和癌症的发病率。而无花果则有健胃、润肠、利咽、滋阴的作用。民间认为鲜鸡肉是补元气治脾虚的营养食品。

［烹制］椰子剖开，取椰肉切碎，汁留用；黄豆、无花果洗净，稍浸泡；光鸡洗净，去脏杂、尾部，若嫌肥腻可把皮除去，与生姜一起放进瓦煲内，加入清水2500毫升（约10碗水量），武火煲沸后，改为文火煲2小时，调入适量食盐便可（鸡、黄豆等可捞起拌入酱油佐餐）。此量可供3～4人食用。

## 贰　赤小豆冬瓜生鱼汤

立秋在三伏的末伏之前，而民间有“热在中伏”的说法，所以此时仍要防暑清热。本品气味清润鲜甜，具有清热解毒、利水消肿之功效，同时，它还能辅助治疗湿热水肿诸症，如头面肢体及全身浮肿、尿黄、咽喉红肿痛等。

［材料］赤小豆 60 克，灯芯花 5 扎，泽泻 6 克，冬瓜750～900 克，生鱼 1 条（约 120～180 克），葱头 5 枚。

赤小豆性微寒，味甘，入心、小肠经，功能利水消肿、利湿退黄、清热解毒。灯芯花性微寒，味甘，入心、肺、小肠经，功能清热利尿、清心除烦。泽泻性平，味甘、淡，功能利小便、清湿热。冬瓜清暑利水，除烦止渴，《食疗本草》还说“欲得体瘦健者，则可长食之”。生鱼性寒味甘，功能补脾胃、行水气，《医林纂要》说它有“补心养阴、澄清肾水、行水渗湿”的作用，广东民间常用于治疗水肿脚气，并认为它有愈伤的作用。葱头性温味辛，入肺、胃经，功能发汗解表、散寒通阳、利水消肿。合而为汤，则成初秋清热解暑佳品。

［烹制］赤小豆、灯芯花、泽泻洗净，稍浸泡；冬瓜连皮洗净，切成块状；生鱼宰洗净。然后与葱头一起放进瓦煲内，加入清水 2500 毫升（约 10 碗水量），武火煮沸后，改用文火煲约 2 个小时，调入适量食盐和少许生油即可（生鱼可捞起拌酱油佐餐）。此量可供 3～4 人食用。

## 叁　柠檬叶猪肺汤

立秋至处暑前后，广东尤其是广州和珠三角一带，常会出现灰霾天气，容易使人郁闷、烦躁、疲倦、干咳、胃部不适、睡眠不好、注意力不集中。柠檬叶煲猪肺能缓解这些症状。其气味清润而微酸，具理气消烦、化痰止咳、醒脾健胃之功，同时亦能预防呼吸道疾病，民间常以之治疗慢性支气管炎及久咳引起的胁痛腹满等症。

［材料］柠檬叶 15 克，猪肺 150～200 克，生姜 2～3 片。

柠檬叶性温，味辛、甘，入肺、胃经，功能化痰止咳、理气开胃，《生草药性备要》说它能“止咳，化痰，开胃”，《陆川本草》认为它能“行气，止喘咳”。猪肺性平味甘，功能润肺补肺，《本草纲目》说它可“疗肺虚咳嗽、嗽血”，《本草图经》认为它能“补肺”，《随息居饮食谱》指出它能“治肺痿咳血，止消诸症”。生姜性温味辛，入肺、胃、脾经，功能发表、散寒、开胃，《珍珠囊》说它能“益脾胃，散风寒”。合而为汤，共奏除燥、化痰、理胃之功。

［烹制］猪肺洗净，从喉管灌入清水，挤出其中泡沫，并反复挤搓，再洗净，反复多次，然后置入锅中，微火沥干后，捞起切成片状，与柠檬叶、生姜一起放进瓦煲内，加入清水 2500 毫升（约 10 碗水量），武火煲沸后，改用文火煲约 2 个小时，调入适量食盐即可（猪肺可捞起拌酱油佐餐）。此量可供 3～4 人食用。

## 肆　凉瓜黄豆炖鲍鱼

凉瓜黄豆炖鲍鱼气味清醇、甘美，具消暑清热、清肝明目、健脾利湿之功，且苦中有甘、甘中清润、润中滋阴，为盛暑之靓汤。

[材料] 凉瓜一个（约 200 克），黄豆 50 克，鲜鲍鱼 4 个，猪瘦肉 100 克，生姜 3 片。

凉瓜味苦性寒，能消暑止渴、明目清肝。它虽苦，但爽口不腻，尤在夏季吃后倍觉凉爽舒适，有清心开胃的效果。现代营养学家发现，啤酒中的苦味是酒花产生的，而苦瓜中的苦味则是生物碱中的奎宁产生的。这些物质均具有促进食欲、利尿、活血、消炎、退热和提神醒脑等作用，对癌细胞还有较强的杀伤力。同时苦瓜中的“多肽—P”物质是一种胰岛素物质，有降低血糖的作用，因而适宜于糖尿病人食用。黄豆味甘性平，可以补气养血，清热解毒，配凉瓜同用既加强清热解暑、清肝明目的作用又可免凉瓜苦寒之弊。鲍鱼属“海产八珍”之一，也被称为“海味之冠”，为历代皇室贵族的席上佳肴。它除了有丰富的营养价值之外，还会有两种特殊物质，即“鲍鱼素 1”、“鲍鱼素 2”，均有较强的抑癌作用。中医认为鲍鱼有养血柔肝、行痹通络、滋阴益精、清热明目之功效，适宜于肺结核干咳、白内障、头晕眼花、高血压、癌症、月经过多和神经衰弱等病人食用。

[烹制] 凉瓜洗净、去瓤、切块状；黄豆洗净，稍浸泡；鲍鱼冲洗干净；然后与生姜一起放进炖盅内，加入冷开水 1000 毫升（约 4 碗水量），调入适量生油，加盖隔水炖 3 个小时，进食时方加入适量食盐，此量可供 3～4 人食用。

## 伍　麦芽淮山牛肚汤

本品能开胃健脾、消食化滞，特点是消中带补、补而不滞，同时可作腹部痞胀、不思饮食、大便溏薄、倦怠乏力、消化不良等，及胃和十二指肠球部溃疡、慢性胰腺炎、胆囊炎等症的辅助治疗汤水；在暑气尚存的立秋时节食用，有标本兼顾之妙。

［材料］生麦芽 100 克，淮山、党参、云苓各 50 克，八角茴香、陈皮各 6 克，牛肚 500 克，红枣 4 枚，生姜 2～3 片。

麦芽性平味甘，功能消食和胃，善治积滞不化。淮山、党参、云苓、陈皮同用，既能健脾益气，又能运脾渗湿，有补而不滞之特点。八角茴香气味芳香而温和，能排除肠内积气，有良好的开胃进食作用。牛肚性平味甘，功能健脾开胃，虽属肉类，但不腻滞。合而为汤，则消补并举，尽得中和之用。

［烹制］麦芽、淮山、党参、云苓、陈皮、八角茴香、红枣（去核）洗净，稍浸泡并把陈皮去瓤；牛肚浸透，洗净，切为块状；然后与生姜一起放进瓦煲内，加入清水 3000 毫升（约 12 碗水量），武火煲沸后，改用文火煲约 3 个小时，调入适量食盐和少许生油即可（牛肚可捞起拌酱油佐餐）。此量可供 3～4 人食用。

## 陆　罗汉果西洋菜猪脲汤

“春夏去暑湿，秋冬防肺燥”——这是广东民间家喻户晓的养生名言。本品甘润可口，具有清热润肺、化痰止咳之功效，老少皆宜，是秋季家常汤品之一，亦适宜于秋燥咳嗽、口干咽痛、声音嘶哑及燥热便秘等症。

［材料］罗汉果1个，南杏仁60克，西洋菜700～1000克，猪脲肉500克。

罗汉果为广西著名特产，是一种具有止咳定喘、解热抗痨作用的稀有水果。其性凉味甘，功能清肺热、润肺燥、祛痰解渴、润肠通便。现代医学认为，其甜味物质的甜度相当于蔗糖的300倍，但它又是一种非糖类物质，因而是糖尿病患者的理想甜味剂。南杏仁性平味甘，功能润肺止咳。西洋菜性凉味甘，功能清肺润燥。猪脲肉性平，味甘、咸，功能健脾滋润。合而为汤，则既润肺燥又清暑热。

［烹制］罗汉果洗净，切开；南杏仁用开水烫后，去衣；猪脲肉洗净，沥干水；西洋菜洗净，摘为短度；然后先把罗汉果和南杏仁放进瓦煲内，加入清水2500毫升（约10碗水量），武火煲沸后，再加入猪脲肉和西洋菜，待其煮沸后，改用文火煲2个小时，调入适量食盐即可（猪脲肉可捞起拌酱油佐餐）。此量可供3～4人食用。

# 处暑

（公历8月23日前后）

处暑是秋季的第二个节气，每年的8月23日前后太阳到达黄经150°时开始。处是停止、潜藏的意思，表示炎热的暑天将从这一天逐渐结束，隐遁而去。《月令七十二候集解》这样解说其含义：『七月中。处，止也，暑气至此而止矣。』《通纬·孝经授神契》则说：『立秋后十五日，到斗指申为处暑，言渎暑将退伏而潜处也。』

## 处暑的特点

这时末伏已结束，总算熬过了炎热的“三伏天”。处暑以后，各地日平均气温较前明显下降，一般情况下，由大暑节气开始每候（即每5日）只降温0.5℃左右，而处暑后，一候能降温2℃左右，因此处暑是气温从高向低变化比较明显的一个转折点。我国中部变化最明显，原控制华北地区的暖湿空气被干冷空气所代替，而昼热夜寒则是这一时节的气温特点。此时虽然各地降雨量有所减少，但在南方受台风影响，仍有可能出现暴雨天气，且仍有炎热之感。对此节气广东民间称之为“争秋夺暑”时。

## 处暑的养生

进入处暑时节，自然界阳气转衰、阴气日长，万物也由生长期转入收藏期；故养生原则也应转向敛神、降气、润燥、抑肺扶肝方面，以保持五脏无偏的健康状态。起居上宜早睡早起，以旺生气，收神气，避杀气。饮食上则宜增酸减辛，以助肝气，避免金过而木受其伤。但在南方，炎热气候余绪尚存，向有“秋老虎”之说，同时中医认为“长夏主湿，脾主长夏”。在这农历七月里以脾胃病居多，而脾喜燥恶湿，若湿邪留滞，最易困脾。同时湿为阴邪，易阻遏气机，损伤阳气，致脾阳不振，运化无权，则水湿停聚，引发为水肿或腹泻。所以此节气养生要点是消暑清热、健脾祛湿。

# 处暑汤品

## 壹　槐花猪肠汤

时至处暑，南方气候仍十分炎热，常干热伤阴而致津枯肠燥，这时饮食上宜采用一些滋润益阴、润肠通便和清肠解毒之物，本品气味甘中带苦，具有益阴润燥、清肠解毒之功效，对口干咽燥、大便燥结和痔疮等热病伤阴诸症有很好的治疗作用，同时还可用作老人肾阴不足、妇人产后血虚的食疗药膳。

［材料］槐花 90 克，蜜枣 3 个，猪大肠 500 克，猪瘦肉 250 克，生姜 3 片。

槐花性微寒，味苦，功能清热、凉血、止血。猪大肠性微寒，味甘，功能润肠养脏，是防治大肠疾病如便秘、便血、脱肛、痔疮等症的常用之品。古医书《症治准绳》中有治痔漏下血一方，名为猪脏丸，正是以槐花、猪大肠为主料而制成。本品则再配用蜜枣、猪瘦肉，在凉血、通便、清热、解毒之外，更添滋阴润肠之功。

［烹制］槐花、蜜枣洗净，稍浸泡；猪大肠去内杂质，先用生粉，再用生盐搓洗，复以清水冲洗干净，然后把槐花装进猪大肠内，扎紧大肠两头；猪瘦肉洗净，整块不用刀切；然后一起放进瓦煲内，加入清水 3000 毫升（约 12 碗水量），武火煲沸后，改用文火煲 2～3 个小时，调入少许食盐和生油即可（猪大肠可捞起，切开去掉槐花，与猪瘦内一起切成段或块，拌酱油佐餐）。此量可供 3～4 人食用。

## 贰　冬瓜云苓田鸡汤

从立秋到处暑的这段日子，气候有一定的延续性，家庭汤品亦然。本品气味清甜可口，具有清热解暑、利水消肿之功效，符合这段时间的饮食原则，不仅清淡和易消化，而且富有营养，对由湿热、暑湿引致的身热身重、心烦口渴、小便不利、困倦乏力等症有良好疗效，并可用于前列腺炎、尿道炎、肥胖症及急、慢性肾炎的食疗。

[材料] 冬瓜 1000 克，云苓 9 克，绿豆芽 500 克，豆腐 6 块，田鸡 250 克，生姜 2～3 片。

冬瓜为有名的消暑利水的瓜蔬。田鸡能养阴生津、清热利水。云苓性平，味甘、淡，功能健脾祛湿，在此既助于冬瓜之利水，又助于田鸡之滋阴。绿豆芽性平味甘，功能消热解暑、利水除湿。豆腐性微寒，味甘，功能补益脾胃，有“植物肉”之称。合而为汤，则既是适时药膳，又是美味佳肴。

[烹制] 各物洗净，稍浸泡；冬瓜连皮切成块状；田鸡去皮去内脏，切块；豆腐下油锅稍微煎香。然后先将冬瓜、田鸡肉放进瓦煲内，加入清水 2000 毫升（约 8 碗水量），武火煲沸后，改用文火煲 30 分钟，再加入绿豆芽和豆腐，煮沸片刻，调入适量食盐及少许生油即可（豆腐、冬瓜、绿豆芽、田鸡可捞起拌酱油佐餐）。此量可供 3～4 人食用。

## 叁　砂仁豆腐猪肝汤

中医认为秋天五行属金，金旺则木衰，所以入秋后须食酸补肝（酸味和肝对应于木）。本品制作简便，气味清润，具有健脾醒胃、补气养肝之功效，可防治肝脾不及气滞腹胀等症，此时食用，恰合其宜。

［材料］砂仁3克，豆腐1块，猪肝50克，生姜1～2片。

砂仁又名春砂仁，为广东阳江特产，性温味辛而气芳香，功能行气化滞、醒脾和胃，《开宝本草》说它能"治虚劳冷泻，宿食不消"。豆腐性凉味甘，功能清热除烦、益气养胃。猪肝营养丰富，功能补肝养血，且补而不腻。合而为汤，则不寒不热，共奏和胃补肝之功。

［烹制］砂仁去壳，稍微研碎；豆腐用清水冲净，切为几小块状；猪肝洗净，切为片状，以生油、生粉、生抽各半汤匙拌均匀；然后先将豆腐放入铁镬内，加入清水750毫升（约3碗水量），煮沸15分钟后，加入猪肝、砂仁末，滚至猪肝熟，调入适量食盐及少许生油或麻油即可（猪肝、豆腐可捞起拌入酱油佐餐）。此量可供1～2人食用。

## 肆　西洋参冬瓜野鸭汤

西洋参冬瓜野鸭汤气味清润、可口，功能消暑益气。它适用于夏日感暑，津气已伤，见体倦少气，汗多，口渴心烦，脉虚数等；同时也能辅助治疗夏季微热、肺结核病、糖尿病、甲亢、高血压、神经性多饮、多尿症属于伤津耗气见有上症者。

［材料］西洋参 25 克，冬瓜 500 克，野鸭 500 克，石斛 60 克，眉豆 90 克，鲜荷梗 90 克，生姜 2～3 片，红枣 3 个。

本汤化载于中医古籍《温热经纬》清暑益气汤，此汤治乃困暑者热伤气津所致、治宜清暑热、益气生津。汤中西洋参性寒，味甘、微苦，功效既清热生津又益气养胃，乃清补之佳品。冬瓜性微寒，味甘、淡，功能清暑生津、除烦止渴，与西洋参配伍，共奏清热消暑、益气生津之效。荷梗清热消暑、升发清阳，石斛清热生津、养胃和阴，两味相伍，可增本汤消暑、除烦的功效。眉豆性平味甘，既能健脾开胃，配伍野鸭又可使此汤清香可口。如若无野鸭，又可用家鸭代替，二者性味功效近似，不同之处是家鸭重在滋补阴液，野鸭重在补脾益气，味道之鲜亦胜于家鸭。

［烹制］各物洗净，稍浸泡，并把西洋参切片、红枣去核、冬瓜连皮切成块状；野鸭宰后洗净，去内脏、尾部，切块。与生姜一起放进瓦煲内，加入清水 3000 毫升（约 12 碗水量），武火滚沸后，改为文火煲约 2 个半小时，调入适量食盐便可（冬瓜、眉豆、野鸭可捞起拌酱油供佐餐用）。此量可供 3～4 人食用。

## 伍　罗汉果南杏猪肺汤

罗汉果南杏猪肺汤甘润可口，具清热润肺，化痰止咳的功效，特别适用于肺热之燥咳、咽干口燥，或咽喉干痛、咳声嘶哑，或燥热便秘、尿少尿黄者。

[材料] 罗汉果 1～2 个，南杏仁 45 克，西洋菜 700～1000 克，猪肺 1 个。

俗语说“罗汉果，去痰火”。罗汉果为广西著名的土特产药物，性凉味甘，功能清肺热，润肺燥，祛痰解渴，润肠通便。南杏仁性平味甘，功能润肺止咳。西洋菜亦是性凉味甘，具清肺润燥的作用，是富有营养的清润时菜。猪肺性平味甘、咸，有行气健脾、理气化痰的作用。合而为汤，共奏润肺燥、理肺气、化痰涎、止咳嗽之功。煲汤时用正宗的广西罗汉果，会使汤品味道更醇、更美。

[烹制] 将罗汉果洗净，切开；南杏仁用开水烫后，去衣，然后一起放置清水里浸泡 20 分钟左右；猪肺去除内杂质，切开用生粉洗，浸泡于清水中，用手挤洗干净，切为厚片块，再洗净，置沸水中稍滚片刻，洗净（即“飞水”）；西洋菜洗净、切段，然后一起放进瓦煲内，加入清水 1500 毫升（约 6 碗水量），先用武火煲沸后，改为文火煲至 2 个半小时，调入适量食盐便可（猪肺、西洋菜还可捞起拌酱油佐餐用），此量可供 3～4 人食用。

## 陆　红白萝卜生鱼汤

红白萝卜生鱼汤气味清香、甜润，具健脾、清补益气的功效，同时能辅助治疗病后术后体弱、脾胃气虚，症见消化力弱，饮食欠佳，或脾失健运，水湿停聚者。

[材料] 红萝卜300克，白萝卜300克，生鱼1条（约500克），猪瘦肉100克，红枣6个，生姜3片。

红萝卜性平味甘，具健脾胃、化积滞的作用，《本草纲目》说它有“下气补中、利胸膈肠胃、安五脏、令人健食”的作用。白萝卜性微凉，味甘、辛，有消食化滞、行气祛痰、利尿的作用。生鱼性寒味甘，有补脾胃、行水气的作用，《医林纂要》说它有“补心养阴，澄清肾水，行水渗湿”的作用，《本草求真》又说其能“补脾利水”，民间常用于治疗水肿脚气，并认为有愈合伤口的作用，常用于术后的调理。配以猪瘦肉的健脾养血、红枣补中益气、生姜的醒脾去腥，本汤可清补滋养不滞，祛湿行滞而不碍补。

[烹制] 红、白萝卜分别去皮洗净，切厚块状；红枣洗净去核；猪瘦肉整块洗净；生鱼宰洗净，沥干水，下油锅微火稍煎黄，然后与生姜一起放入瓦煲内，加入清水2500毫升（约10碗水量）。武火煲沸后，改为文火煲至2个小时，调入适量食盐便可（鱼、肉、萝卜可捞起拌酱油佐餐），此量可供3～4人食用。

# 白露

（公历9月7日前后）

白露是秋季的第三个节气，每年的9月7日前后太阳到达黄经165°时开始。汉代正式把它定为二十四节气之一。《月令七十二候集解》这样解说其含义：『八月节。……阴气渐重，露凝而白也。』而《黄帝内经》也说：『寒风晓暮，蒸热相薄，草木凝烟，湿化不流，则白露阴布以成秋冷。』意思即是，从此地面水气往往凝结为露，天气也渐转寒凉了。

## 白露的特点

进入白露，气温明显下降。此时的气候特点是干燥和日暖夜寒，正如农谚所说“过了白露节，夜寒日里温”，“白露秋分夜，一夜冷一夜”。白露是华北大部地区秋季到达的标志，其日平均气温已降至22 ℃以下。中医认为的“长夏”时节也在这节气里渐而离去了。而在南方地区，则暑气尚在，也就是说还是处于“长夏”的暑湿之中，只不过雨量比起上个节气减少了。

## 白露的养生

白露意味着秋季的真正来临，在华北地区气候开始转凉，天气偏于干燥。秋气应肺，燥气可耗伤肺阴。这时“养肺润燥”开始成为养生的重点，所谓“燥者濡之”，“上燥清气，中燥增液，下燥养血”，均指此而言。故饮食上要多选温而不热、凉而不寒的滋补之物，如沙参、玉竹、桑叶、杏仁、枇杷叶、阿胶等，总以不伤阴不耗阴为要。同时可多吃蔬菜、水果（如梨、柚子、甘蔗等），但须忌饱食终日，不利气机运转。俗语云“白露身不露”，意思是指在起居方面，这时暑气已尽，要注意保暖，不应再赤身露体了。白露还是高血压、风湿病容易复发的时节，应尤为注意。

在南方此时还是长夏暑湿之时，天气尚热，人们常喜食生冷瓜果、冰凉饮料，更易助温邪，损伤脾阳，所以此节气易见腹满、腹泻之症。同时湿性重着，外湿之邪，侵犯经络筋骨，使经筋阻痹，可出现“湿痹”、“着痹”。由此可见，长夏湿邪为患所致的各种疾病，会为冬季常见的慢性病种下病根，此时应针对天地变化特症、人体生理病理特点选择相应的饮食。

# 白露汤品

## 壹　北杏参地猪肺汤

中医认为秋季对应于肺脏，是防治肺部疾病的最好时机，所以整个秋季的药膳汤品亦应以养肺、补肺为重。本品气味清润，具有滋阴润肺、宣肺化痰之功效，男女老少皆宜，同时亦可辅疗肺肾阴亏诸症，如干咳声嘶等。

［材料］北杏15克，党参、熟地各30克，川贝母12克，生姜3～4片，猪肺1个。

北杏即北杏仁，性微温，味苦、辛，入肺经，功能止咳平喘、宣降肺气。川贝母性微寒，味甘、苦，功能润肺化痰，与北杏同用，则润肺化痰及镇咳效果更佳。党参性平味甘，功能补脾养胃、润肺生津。熟地性微温，味甘，入肝、肾经，功能滋肾阴而止消渴，与党参合用，则滋肾益精，生精润燥之功愈显。猪肺性平味甘，入肺经，功能补肺。合而为汤，则大有滋阴润肺、化痰止咳之功。

［烹制］诸药材洗净，稍浸泡；猪肺切厚块，浸泡清水中，用手挤洗干净，于沸水中稍滚片刻，洗净（即“飞水”），沥干；然后与生姜一起放置瓦煲内，加入清水2500毫升（约10碗水量），武火煲沸后，改用文火煲2小时，调入适量食盐即可。此量可供3～4人食用。

## 贰　咸酸菜蚝豉汤

从白露起，早、晚便开始有秋凉的感觉了，但这时还不能马上进行“大补”。因为经过漫长而炎热的夏天，人的脾胃功能会有所减弱。因此，这时的汤品最好是既有营养又容易消化吸收。本品甘酸可口，具有生津止渴、滋养阴液之功效，对长夏炎热造成的胃纳不佳，能起很好的调理作用。

［材料］咸酸菜梗 50 克，蚝豉干 50 克，猪瘦肉 150 克，生姜 3 片。

咸酸菜梗性平味酸，入脾、胃经，功能生津止渴、开胃消食。蚝豉性平味咸，功能滋阴清肺、补心养血。蚝豉干为牡蛎的干制品，广东民间称作海味，常作煲汤佐料之用，既有滋阴功效又有调味作用，使汤十分鲜美惹味。猪瘦肉功能健脾润燥。合而为汤，更具健胃滋阴之效。

［烹制］咸酸菜梗洗净，切片；蚝豉略浸泡，洗净；猪瘦肉洗净，切片；然后一起放进瓦煲内，加入清水 2500～3000 毫升（约 10～12 碗水量），武火煮沸后，改用文火煲约 2 个小时，调入适量食盐即可。此量可供 3～4 人食用。

## 叁　熟地冬瓜猪骨汤

白露过后，闷热渐去，南方也开始进入换季期；这时家庭的主要养生汤品，也逐步由清热消暑类过渡到清热养阴类。本品气味清润，具有清热利水、补血滋阴之功效，最宜久困暑湿之后饮用。汤中冬瓜也可以节瓜、白瓜代替，使款式多样化。

[材料] 熟地 20 克，冬瓜 500～750 克，猪骨 500 克，生姜 3～4 片。

熟地性微温，味甘，入心、肝、肾经，功能滋阴补血，主治阴虚血亏、腰酸腿疼、耳鸣目昏等症，《本草纲目》说它能“填骨髓，长肌肉，生精血，补五脏内伤不足，通血脉，利耳目，黑须发”。冬瓜性能消暑利水。猪骨能补髓益阴。合而为汤，则既祛湿健脾，又养阴补血，对久受暑热而神疲力乏者尤为有效。

[烹制] 熟地洗净，稍浸泡；冬瓜洗净，连皮切成块状；猪骨洗净，切成块状；然后一起与生姜放进瓦煲内，加入清水 2500 毫升（约 10 碗水量），武火煲沸后，改用文火煲约 2 个小时，调入适量食盐即可（猪骨、冬瓜可捞起拌酱油佐餐）。此量可供 3～4 人食用。

## 肆　西洋菜蜜枣生鱼汤

本品清润可口，具有养阴润肺、清热生津之功效，特别适合烟酒人士在秋季食用，同时对肠胃干燥、肺热干咳、痰带血丝等症也有一定疗效。

［材料］西洋菜1000克，蜜枣2个，生鱼约700～800克，猪瘦肉150克，生姜3片。

西洋菜为秋冬季时蔬，又名豆瓣菜，为十字花科植物。它富含维生素A、C、D等，有较高的营养价值。中医认为，其性凉味甘，有清肺热、润肺燥的功效。《生草药手册》说它能“治肺病及肺热燥咳”。生鱼性寒味甘，入脾、胃经，功能养阴健脾。蜜枣性平味甘，功能益气生津、润肺消燥。猪瘦肉在此作药引用。三者合而为汤，则清热而养阴，滋胃而止渴，润肺而生津。

［烹制］生鱼宰洗净，沥干水，置油镬用慢火稍煎至微黄，溅入少许清水；猪瘦肉整块洗净，不用刀切；西洋菜洗净，切短；蜜枣洗净，去核，稍浸泡；然后与生姜一起放进瓦煲内，加入清水2500毫升（约10碗水量），武火煮沸后，改用文火煲2个小时，调入适量食盐即可（西洋菜、生鱼、猪肉可捞起拌酱油佐餐）。此量可供3～4人食用。

## 伍　白果菊花雪梨饮

秋高气燥时节，人容易肌肤不泽、皱纹凸现，要适时饮用一些有助保养肌肤的汤品。这款白果菊花雪梨饮是由《验方五千种》中的“养容丸”化裁而成，气味香甜可口，具有润容增白、洁肤除斑之功效，不仅适宜女士作美容之用，而且对阴亏津枯所致的皮肤皲裂、面色无华、肤色枯槁及面部色素沉着、色斑、酒渣鼻、咳喘痰血等症亦有一定疗效。

［材料］白果50克，白菊花4朵，雪梨4个，鲜牛奶（或淡牛奶）150～200毫升（约4/5碗水量），蜜糖适量。

白果又名银杏，因果壳洁白故名白果，是银杏科银杏树的果实，属我国特产，金秋成熟上市。其性平，味甘、微苦，功能敛肺定喘、收涩止带。现代医学认为其特点是含双黄酮，有明显的降低血清胆固醇、扩张冠状动脉的作用。白菊花性凉，味辛、苦，入肺经，功能散风解表、清热除邪及润白皮肤。雪梨、牛奶、蜜糖均为甘润之品。合而为汤，则成秋季养颜美容的饮品之一。

［烹制］白果去壳，用开水烫去皮衣；白菊花洗净，摘取花瓣；雪梨削皮去芯，切成粒状；然后先将白果、雪梨放入滚水锅里（水量不宜多），文火煮至白果熟透，再加入菊花、鲜牛奶（或淡牛奶），稍滚后熄火，降温后调入适量蜜糖即可。此量可供2～3人食用。宜每周饮用3～4次。

## 陆　莲藕红枣章鱼猪腱汤

本品气味香浓可口，具有补中益气、养血润肤之功效，亦可用于催乳，也是一款常见的秋季家庭清补汤品。

［材料］莲藕500克，红枣4枚，章鱼干1个，绿豆50克，陈皮1/4个，猪腱肉500克，生姜3片。

莲藕配伍海味干品煲猪肉或猪骨气味香浓鲜美，为广东民间秋冬季节家庭常用汤水，善于饮食的广东人在秋日时多配以清热的绿豆，在冬日多配以旺血的红豆。莲藕熟用能健脾开胃、益血生肌。红枣甘润又养血健脾。章鱼性平，味甘、咸，功能补血益气，《本草纲目》认为它有“养血益气”的作用。绿豆性凉味甘，入心、胃经，功能清热解毒。猪腱肉性温，味甘、咸，入脾、胃经，功能补脾润胃、生津泽肤。合而为汤，则补而不燥，润而不腻，共成健脾养阴佳品。

［烹制］莲藕洗净去节，切成块状；红枣、绿豆、陈皮洗净，稍浸泡并把红枣去核、陈皮去瓤；章鱼干洗净，温开水浸泡；猪腱肉洗净，整块不用刀切；然后一起与生姜放进瓦煲内，武火煲沸后，改用文火煲2个半小时，调入适量食盐即可（莲藕、猪腱肉可捞起拌酱油佐餐）。此量可供3～4人食用。

# 秋分

（公历9月23日前后）

秋分为秋季的第四个节气，每年的9月23日前后太阳到达黄经180°（秋分点）时开始。秋分古时称『日夜分』，又叫『宵中』。《月令七十二候集解》这样解说其含义：『八月中。解见春分。』《春秋繁露·阴阳出入上下篇》则这样记载：『秋分者，阴阳相半也，故昼夜均而寒暑平。』秋分日如春分日一样，阳光几乎直射赤道，昼夜几乎等长。由于它位居立秋至立冬中间，刚好是秋季90日的一半，所以也有平分秋色的意思。

## 秋分的特点

天文学上规定，秋分是北半球秋天的开始。秋分以后，由于太阳直射的位置转向南半球，北半球获得的太阳日辐射量日趋减少，而地面向天空失散的热量却逐日增加，故气温越来越低。此时，北方冷空气也频频南下，造成“秋风阵阵，秋雨绵绵”的天气。农谚中说的“一场秋雨一场寒，阵阵秋风加衣衫”，正反映了这一时节的气候特点。而在南方，此时暑气已尽，秋意渐显，同时中秋节一般在此节气与寒露之间，正如广东民间所说的“中秋过后夜夜凉”，说明秋天已正式来临。

## 秋分的养生

秋分时节，全国大部分地区都会有金风送爽的气象，是人们感觉最舒适的一个节令，故此时应动静结合，适当多做户外活动，以强健体魄，流通气血，畅达神志。饮食上则应遵循阴阳平衡的规律，使之“阴平阳秘”，即明抑燥气，暗养阳气，以滋阴润肺为主，并防止实者更实、虚者更虚而致阴阳失衡。同时要多食酸味而禁寒饮，尽量少吃葱、姜等辛辣之物。因为“肺主秋……收敛，（宜）急食酸以收之，用酸补之”（《素问·脏气法时论》）。可见酸味收敛肺气，辛发散泻肺，秋日宜收不宜散。

在南方此时仍为“长夏”天，此时长夏的特点是昼夜温差开始加大，中午热而早晚开始有凉意，暑湿隐藏在身体里不易散发。早晚着凉之后就会产生伏暑，伏暑的症状表现为发热、腹泻。所以不能只顾眼前舒服，过于避热趋凉。饮食上要遵循“夏天（清）补心，长夏（淡）补脾”的养生原则。

# 秋分汤品

## 壹　玉竹百合苹果汤

俗话说："秋燥长。"本品气味甘润微酸，具有滋润肺脾、润泽肌肤之功效，可防治唇干舌燥、尿短赤、便干秘、苔白干及皮肤干燥等症，为应时汤品。

［材料］玉竹、百合各30克，苹果3个，陈皮1/4个，蜜枣3个，猪瘦肉300克，生姜2片。

玉竹性平味甘，入肺、胃经，功能补阴润燥、生津止渴，《本草便读》认为它是"质润之品，培养肺、脾之阴是其所长"。百合性微寒，味甘、淡，入肺、心经，功能润肺止咳、清心安神，不少中医名家认为它还有补中益气、泽肤、通乳的功效。苹果性平，味甘、微酸，入脾、肝经，功能润燥生津。与陈皮、蜜枣、猪瘦肉合而为汤，则滋阴润燥、调和五脏之功倍增。

［烹制］玉竹、百合、陈皮、蜜枣洗净，稍浸泡并把陈皮去瓤，蜜枣去核；苹果去芯，切块状；猪瘦肉整块洗净，不用刀切；然后先将玉竹、百合、陈皮、蜜枣和苹果放进瓦煲内，加入清水2500毫升（约10碗水量），武火煲沸后，加入猪瘦肉，改用文火煲约2个小时，调入适量食盐便可。此量可供3～4人食用。

## 贰　冬菇马蹄鸡脚汤

本品气味香润可口，具有养阴生津、健脾开胃之功效，十分适宜日渐干燥、日渐阴冷的秋分时节饮用，同时还能防治口鼻干燥、口渴欲饮、津液不足、胃纳欠佳和脚气病等症。

［材料］冬菇60克，马蹄10个，鸡脚8对，猪瘦肉150克，生姜3片。

冬菇性平味甘，入脾、胃经，功能益胃气、助消化、生津液，素有“蘑菇皇后”、“干菜之王”的美称。现代医学认为它富含的酶类有助于人体的新陈代谢，其所含的特殊物质“香菇多糖”能显著增强机体对肿瘤的免疫力，甚至能使已生长的小肿瘤完全消失。鸡脚性平，味甘、咸，功能健脾益气、舒筋强骨。马蹄性平味甘，功能清热生津、开胃下食。合而为汤，则成清润益阴、开胃生津之当令佳品。

［烹制］鸡脚洗净，去甲、皮，置沸水中稍滚片刻，洗净（即“飞水”）；猪瘦肉洗净；冬菇浸软，去蒂，洗净；马蹄去皮，洗净，切开两半；然后先把鸡脚、猪瘦肉、马蹄放进瓦煲内，加入清水2500毫升（约10碗水量），武火煮沸后，改用文火煲1个半小时，再加入冬菇，复以文火煲半小时，调入适量食盐即可（冬菇、马蹄、鸡脚、猪瘦肉可捞起蘸酱油佐餐）。此量可供3～4人食用。

## 叁　木瓜干瑶柱老鸭汤

木瓜干瑶柱煲老鸭味道醇香可口，滋阴润燥，亦能滋补脏腑，为冬初时家庭养生的靓汤，更为男女老少所喜爱。

［材料］木瓜（宜选用半生熟的）1 个（约 500 克），干瑶柱 20 克，光老鸭 1 只（约 600 克），生姜 3 片。

木瓜以皮薄肉厚、味美清香、甜滑多汁著称，被誉为“岭南佳果”。中医认为其性平味甘，功能健脾胃、助消化。现代营养学认为它富含糖类，而少含蛋白质和脂肪，还含较多的维生素类。国外许多学者还认为它所含的胰蛋白酶，能将人体内的蛋白质分解成为氨基酸，同时还发现它含有抗癌作用的生物碱类物质。民间更认为它是秋冬煲汤的佳品，还能润燥养肺、泽肤美颜。老鸭肉有滋阴补血的功效，广东民间有“嫩鸭湿毒，老鸭滋阴”的说法。所以食疗、调理多选用老鸭。干瑶柱亦是广东民间烹制汤品时最具补益而又能调和惹味的海味。生姜能驱寒祛腥。诸物合而为汤，更能润燥气、健脾胃、益五脏，是既清润又滋补的秋初靓汤。

［烹制］木瓜削皮、洗净，切块；光老鸭去脏杂、尾部、爪甲，洗净，切块；干瑶柱洗净，稍浸泡，并撕为丝状，然后与生姜一起放进瓦煲内，加入清水 2500 毫升（约 10 碗水量），武火煲沸后，改为文火约煲 2 个小时，调入适量的食盐便可（木瓜、干瑶柱、老鸭等可捞起拌入酱油供佐餐）。此量可供 3～4 人食用。

## 肆　白果南杏生鱼汤

白果南杏生鱼汤气味清润可口，具润肺化痰，敛肺止咳之功效。同时能辅助治疗咳喘日久，耗伤气阴，或平素阴虚气弱，症见口干渴，胃纳差，动则气短等。

［材料］白果 60 克，南杏仁 60 克，腐竹 90 克，马蹄 8 个，生鱼 1 条（约 500 克），生姜 2～3 片。

白果性平，味甘、苦，入肺、脾经，具有滋阴润肺、养血生肌的作用。南杏仁性微温，味苦、辛，有止咳平喘、补肺润肺燥的功效，《医学启源》说它能“除肺中燥，治风燥在于胸膈”。腐竹性平，味甘、淡，入肺、胃经，有清肺热，养胃阴之功。马蹄性寒味甘，能清热生津，化痰消积，《本草备要图说》认为它有“益气而消食，除热以生津”的作用。生鱼性平，味甘而润，入肺、脾经，具有滋阴润肺、养血生肌的作用，与生姜合用，具有润肺化痰、敛肺止咳之功效。

［烹制］白果去壳，开水稍煮去衣膜；南杏仁亦用开水烫去衣膜；腐竹浸软切段；马蹄去皮，洗净，切为两半；生鱼宰洗净，去鳞、腮、肠脏、洗净；然后与生姜一起放在瓦煲内，加入清水 2500 毫升（约 10 碗水量），武火煲沸后，改用文火煲 2 个半小时，调入适量食盐和少许生油便可（白果、生鱼可捞起拌入酱油佐餐用）。此量可供3～4人食用。

## 伍　生地北芪猪横脷汤

秋分之末，正是滋阴生津、理脾补肝的时候，而这方面可供选择的汤品不少。生地北芪煲猪横脷气味虽略带甘涩，但清润可口，具有滋阴清热、补气健脾之功效，同时对糖尿病亦有一定防治效果。

［材料］生地、北芪、淮山各 30 克，山萸肉 10 克，猪横脷 1 条，猪瘦肉 60 克，生姜 3 片．

生地能清热、凉血、生津。北芪、淮山同为补气类药物，而北芪长于固表、敛汗，淮山长于补脾、滋阴。山萸肉性温，味酸、涩，入肝、肾经，功能补益肝肾、固精、止汗。广东人所称之“猪横脷”即猪胰，其性平味甘，功能益肺、补脾、润燥。合而为汤，则成当令滋阴佳品。

［烹制］猪胰洗净、去油脂、切片，猪瘦肉洗净、切片；加少许生油、食盐、白酒，拌腌片刻。生地、北芪、淮山、山萸肉洗净，稍浸泡；然后放进瓦煲内，加入清水 2000 毫升（约 8 碗水量），武火煮沸后，改用文火煲至药材熟透，再加泡制好的猪胰、猪瘦肉，加盖煲 20 分钟，调入适量食盐即可（猪胰、猪瘦肉可捞起拌酱油佐餐）。此量可供 3～4 人食用。

## 陆　黑木耳粟米苹果汤

秋天是收敛的季节，也是减肥、养颜的好时光。本品气味清甜可口，具有消脂去斑、滋阴补血之功效，最宜中、老年妇女食用，亦可防治高血脂及肥胖症。

［材料］野生黑木耳3朵，粟米粒80克，苹果2个，猪瘦肉400克，生姜2片。

黑木耳又称为云耳，是我国的特产，已有上千年的食用史了。其性平，味甘、涩，功能润燥利肠、补益补血。现代研究表明它含铁量很高，比肉类高100倍，堪称“含铁之冠”和“素中之荤”。还有降血脂和抗动脉硬化的作用。粟米即玉米，性平味甘，功能健脾和中、利水渗湿。苹果性平味甘，功能和胃，现代研究表明其所含的大量苹果酸，有分解体内脂肪的作用。与猪瘦肉合而为汤，则既消脂养颜，又滋阴养血，为秋季美容靓汤之一。

［烹制］黑木耳洗净，浸泡，撕为小朵；粟米粒洗净，浸泡；苹果洗净，切开四边，去芯；猪瘦肉洗净，整块不用刀切；然后与生姜一起放进瓦煲内，加入清水2000毫升（约8碗水量），武火煮沸后，改用文火煲约30分钟，调入适量食盐及少许生油即可（猪瘦肉可捞起拌酱油佐餐）。此量可供3～4人食用。

# 寒露

（公历10月8日前后）

寒露是秋季的第五个节气，每年的10月8日前后太阳到达黄经195°时开始。《月令七十二候集解》这样解说其含义：『九月节。露气寒冷，将凝结也。』意思是，寒露是农历九月的节气，这时天气将由凉转寒，露水也会越来越浓，越来越冷。

## 寒露的特点

寒露正是“忆凉天气未寒时”。这时草木逐渐枯萎，从西伯利亚吹来的寒流也开始频频光临，平均第隔7～10日就南下一次，直到翌年4月份才销声匿迹。每次寒潮到来，就会骤然降温，给大江南北带来雨雪天气。江南一带有“寒露脚不露”的俗语，即反映了此时的主要天气特点。因为到了寒露，温度已低，寒风冷雨也时常出现，再赤脚走路已很不妥当了。在南方此时“长夏”已过，始有初秋的感觉。由于此节气会有持续扩散南下的冷空气，除了带来清爽的秋凉外，还会有灰霾现象。我国民间对天气变化的计算是每五日称为“一候”。通常由大暑后一候只降温 0.5 ℃左右，从处暑后一候能降温 2 ℃左右。而在广东要到此节气才每候降温 2 ℃左右。

## 寒露的养生

寒露时节，正是大自然“阳消阴长”的转折阶段，这时人体的生理活动，也须完成从“夏长”到“秋收”的相应改变。总的来说，寒露的养生要以养阴防寒为主，老人和孩子尤要注意“秋冻”。在起居方面，可采取传统的“薄衣法”——在气候变凉时，慢慢添加衣服来逐渐适应环境，提高抗寒能力的一种方法。其原则是以穿衣不出汗为度，随气温的高低和运动强度及时更衣，避免毛孔大开，而引风寒邪气入内。此外，还要适当减少耗精伤气的活动，不宜太晚休息。饮食上则大体与“秋分”时节一样，适当加些温补之品即可。

在南方，尤其是广州及珠三角一带，此时是从长夏转入初秋，天气会骤然干燥起来，人体易大量丢失水分，要及时补足水分损失，此节气每日至少要比其他季节多喝 500 毫升水，才能保持肺脏与呼吸道的正常湿润度。同时还宜多进饮清润的汤水、水果、蔬菜，还要多吃些蜂蜜、百合、莲子等清补之品，以顺应肺脏的清肃之性。

# 寒露汤品

## 壹　莲藕猪脊骨汤

秋日为莲藕上市之时，而莲藕的食法有很多，如炒藕片、炆莲藕、煎藕饼等，至于莲藕汤品，更是款式繁多，味道鲜美。本品气味香浓，具有益气旺血、健脾补虚、强筋健骨之功效；作为价廉味美的秋令汤品不仅老少咸宜，而且还可防治腰膝酸软、神疲乏力、病后虚弱等症。

［材料］莲藕 300 克，猪脊骨 750 克，绿豆 50 克，生姜 2～3 片。

莲藕性平，味甘、涩，生用则清热、凉血、散瘀，熟用则健脾开胃、益血生肌，《日华子本草》说它“蒸煮食，大开胃”，唐代医家孟诜认为它“蒸食甚补五脏，实下焦”。猪脊骨性平味甘，功能补阴益髓，《本草纲目》认为“服之补骨髓，益虚劳”，《本草便读》则指出“凡阴虚骨蒸，五心夜热，脊痛脊凸等症，皆可用之”。绿豆能清热解毒、利尿润肤。合而为汤，则温而不燥，益气养血健骨补髓。

［烹制］莲藕去节刮皮，洗净；猪脊骨用刀背敲碎，洗净；绿豆洗净，浸泡 30 分钟；然后与生姜一起放进瓦煲内，加入清水 2500 毫升（约 10 碗水量），武火煮沸后，改用文火煲约 2 个小时，调入适量食盐便可（莲藕、猪脊骨可捞起拌酱油佐餐）。此量可供 3～4 人食用。

## 贰　猴头菇炖竹丝鸡

本品气味清淡可口，具有养阴益气、清退虚热之功效，是常见的一款秋季家庭炖品，对肝肾不足、阴虚内热或气血虚弱、体倦乏力者尤为适宜，亦可辅治疗神经衰弱、贫血、溃疡等症。

［材料］猴头菇200克，竹丝鸡1只（约600～700克），红枣6枚，生姜3片。

猴头菇是名贵的菌类，与熊掌、海参、鲨鱼翅为传统的“四大名菜”。1959年我国人工栽培成功，为近年才渐多起来的美味食用菌，它性平味甘，功能补脾益气、助消化、抗肿瘤，且富含蛋白质、多糖类和氨基酸，有提高免疫力的作用。民间云“多食猴头，返老还童”。人工培育的不仅成分高于野生，药用价值也优于野生品。竹丝鸡又名乌骨鸡，性平味甘，功能养阴退热、健脾益气，《本草经疏》说它“补血益阴则虚劳羸弱可除，阴回热去则津液自生”。红枣性平味甘，功能补中养血。合而为汤，则滋润和补益相得益彰。

［烹制］鲜猴头菇洗净，剪去老根，置沸水稍氽片刻，挤干水，切厚片；竹丝鸡宰净，去肠杂、鸡脚，尾部斩为块状；红枣浸泡，去核，洗净；然后一起放进炖盅内，加入冷开水1250毫升（约5碗水量），加盖隔水炖3个小时，进饮时调入适量食盐。此量可供3～4人食用。

## 叁　龙脷叶炖猪腿汤

有些体虚者一到秋凉就容易咳嗽，而且往往越咳越虚，越虚则越不能进服清热止咳之品，如此恶性循环，缠绵难愈。这时不妨进用本品，当有一定效果。它气味清润，具有润肺止咳之功效，亦为秋季家庭的养生汤品。

[材料] 龙脷叶 15 克，猪腿肉 200 克，生姜1～2 片。

龙脷叶为大戟科植物龙利叶的叶，主产于两广。性平，味甘、淡，功能清肺热、止痰火、平喘咳，《陆川本草》说它可“清肺，治肺热咳嗽”，《南宁市药物志》认为它能“止痰火咳嗽哮喘，治内伤肺痨失音，喉痛”，常用于治疗急性支气管炎、上呼吸道炎及支气管哮喘等症。由于其性平味甘、淡，亦常为广州人作药膳之品。猪腿肉性平，味甘、咸，功能健脾滋润，并可使汤味鲜美。合而为汤，则成不寒不热、专治秋燥咳嗽的药膳汤品，尤其对痰火咳嗽甚为有效。

[烹制] 龙脷叶洗净，稍浸泡；猪腿肉洗净，切为厚块状；然后与生姜一起放进炖盅内，加入冷开水 750 毫升（约 3 碗水量），加盖隔水炖约 2 个半小时，进饮时调入适量食盐。此量可供 1～2 人食用。

## 肆　白菜蜜枣牛百叶汤

秋日的白菜用广州话来说是“香、甜、淋”，用它煲汤则“清、润、正”。本品即是以白菜为主料的一款秋季家庭常用汤品。它气味清润，具有清润生津、调养脾胃之功效，尤宜感觉口、唇、鼻、咽干燥者，对燥热伤肺之干咳痰少等症亦有良好疗效。

［材料］白菜 1000 克，蜜枣 6 个，牛百叶 500 克，猪瘦肉 100 克，生姜 2～3 片。

白菜性平味甘，功能解热、除烦、解渴，《饮膳正要》说它“主通利胃……解酒渴”。蜜枣性平味甘，功能益气生津、润肺。牛百叶性平，味甘、咸，功能补虚弱、益脾胃，《本草蒙荃》说它能“健脾胃，免饮积食伤”，《本草纲目》认为它可“补中益气，解毒，养脾胃”。猪瘦肉性味功效见前述。合而为汤，则润肺、润脾、润胃“三润”俱全，诚为清润汤品。

［烹制］白菜洗净，梗、叶切开；蜜枣洗净，浸泡，去核；牛百叶放入开水中稍浸泡，刮去里衣，洗净，切成梳形件状，沥干水；猪瘦肉洗净，切片，并用生油、生粉、生抽拌腌片刻；然后先将白菜梗、蜜枣、生姜放进瓦煲内，加入清水 2500 毫升（约 10 碗水量），武火煮沸后，改用文火煲 1 个小时，再放入白菜叶煲 20 分钟，加猪瘦肉片、牛百叶煲沸至熟，调入适量食盐即可（白菜、牛百叶、猪瘦肉可捞起拌酱油佐餐）。此量可供 3～4 人食用。

## 伍 太子参百合田鸡汤

寒露已临近深秋，此时天气更加干燥，又夹着寒凉，所以养生汤品应既清润又兼滋补。本品气味甘润鲜美，具有清肺润燥、益肺生津之功效，对肺虚气弱者最为有益，同时亦可防治肺热久咳之症，为中医秋养肺的汤品之一。

［材料］太子参 60 克，百合 60 克，罗汉果半个，田鸡 500 克，猪瘦肉 500 克，生姜 2～3 片。

太子参性平味甘，功能补益肺气，养阴生津，《本草再新》说它可“治气肺燥，补脾土，消水肿、化痰、止渴”。百合性微寒，味甘，功能清心安神、润肺止咳。罗汉果性凉味甘，功能清热化痰、润肺止咳，为民间“祛痰火”之常用食品。田鸡即青蛙，性凉味甘，功能滋阴补虚、清热解毒，《得配本草》说它能“消水肿，治疳瘦”，《日华子本草》认为它可“解热毒”。猪瘦肉在此主要作药引。合而为汤，则共奏清肺热、润肺燥、补肺气、养肺阴之功。

［烹制］太子参、百合、罗汉果洗净，稍浸泡；田鸡洗净，去皮、内脏，斩件；猪瘦肉洗净，整块不用刀切；然后先将各药材与生姜一起放进瓦煲内，加入清水 2500 毫升（约 10 碗水量），武火煮沸后，放进田鸡、猪瘦肉，再煮沸后改用文火煲 2 个小时，调入适量食盐及少许生油即可（田鸡、猪瘦肉可捞起拌酱油佐餐）。此量可供 3～4 人食用。

## 陆　大豆芽菜荠苨猪腰汤

大豆芽菜荠苨猪腰汤气味清香中略带点中药的甘苦味，在秋高物燥时进饮，顿有舒畅的感觉。本汤功效滋肾润燥、益气生津，为秋日燥热时男女老少皆宜之汤品，同时又能辅助治疗燥热伤阴或气阴两伤，症见咳喘、短气、口渴欲饮，或常觉口干而多饮者。此汤品也可作糖尿病患者的食疗。

［材料］大豆芽菜 250 克，荠苨、党参各 60 克，猪腰 2 个，生姜 2～3 片。

本汤以滋肾养阴、补益脾肺为主。猪腰即猪肾，性平，味甘、咸，有补肾壮腰之功，使肾水足而渴止。大豆芽性凉味甘，故能益气和中、生津润燥，含丰富的蛋白质和维生素。荠苨又称杏参、甜桔梗，性寒味甘，《得配本草》说它有“解上焦热邪，利肺气，解百药毒，治咳嗽，消渴，强中”的作用。党参性平味甘，功能补脾肺、益气生津，《本草从新》说它能“补中益气，和脾胃，除烦渴”。合而为汤，能滋肾益脾利肺，并可生津润燥，止渴止咳。

［烹制］猪腰洗净，切开两半并切去白脂膜，用食盐或生粉洗净，再用水冲洗后，切片状，加适量酒、油、盐拌匀腌片刻；大豆芽菜洗净，去根；荠苨、党参洗净，稍浸泡；先把荠苨、党参放进入煲内，加入清水 1500 毫升（约 6 碗水量），武火煲沸后约 15 分钟，加入大豆芽菜，改为文火煲 15 分钟，再加入猪腰煮开，调入适量食盐和生油便可（猪腰、大豆芽可捞起拌酱油供餐用）。此量可供 2～3 人食用。

# 霜降

（公历10月23日前后）

霜降是秋季的最后一个节气，每年的10月23日前后太阳到达黄经210°时开始。《月令七十二候集解》这样解说其含义：『九月中。气肃而凝，露结为霜矣。』意思是，天气从此将更加寒凉肃杀，大地开始出现结霜的现象。

## 霜降的特点

霜降已是深秋时节，这时候最突出的气候特点就是“结霜”。我国各地的初霜日（第一次出现结霜的日期）相差很大，霜期也长短不一。以北京为例，其平均初霜日是10月15日，即寒露期间；平均终霜期是3月24日，即春分期间。平均霜期为161日。总的来说，则是北方早，南方晚；西部早，东部晚。但大范围的冷空气活动的早晚强弱，都可直接影响大面积初霜出现的迟早及范围。虽然此时黄河流域已万木尽凋，田野空旷，但长江流域却仍在忙于秋收秋种，为一年中的“黄金时节”留下最后一幅美丽的图画。在南方，此节气则是秋高气爽，并渐入仲秋时节。灰霾和降雨几乎全无，更为干燥。

## 霜降的养生

霜降是秋季的最后一个节气，也是秋季到冬季的过渡时节，此时阴气更甚于前。此节气属土，人体则脾（土）衰肺（金）旺，易发痰饮宿疾，易凡风邪寒病。故起居上要稍微早睡晚起，谨避寒邪贼风。饮食方面则宜淡补，在理肺润燥的同时，注意补气血和养脾胃，并适当减少苦味食物，增加酸、甘食物，无恣醉饱，无贪生冷。

在南方此节气更要注意“少辛增酸”。所谓“少辛”，是指要少吃一些辛味的食物，这是因为肺属金，通气于秋，肺气盛于秋。少吃辛味，是要防肺气太盛。中医认为，金克木，即肺气太盛可损伤肝的功能，故在秋日要少吃如葱、姜、蒜、韭、椒等辛味之品，多吃一些酸味的水果和蔬菜。同时还要选择一些养阴润燥、润肠通便的食物。秋高气爽宜增加户外的体育锻炼，如登山、慢跑、球类活动等。

# 霜降汤品

## 壹　枇杷叶海底椰猪瘦肉汤

处暑时节，人易患肺热咳嗽，而且一咳起来往往绵延不绝。本品气味清润可口，具有养阴润燥、平喘止咳之功效，能有效缓解由于燥热引起的干咳咽痛症状，宜及时食用。

[材料] 枇杷叶30克，海底椰25克，蜜枣3个，猪瘦肉400克，生姜3片。

枇杷叶性凉味苦，入肺、胃经，既能泄降肺热以化痰止咳，又能清降胃热以止呕逆，除烦渴。《本草纲目》指出："枇杷叶，治肺胃之病，大都取其下气之功耳。气下则火降痰顺，而逆者不逆，呕者不呕，渴者不渴，咳者不咳矣。"它还有清胃止渴生津之功，常用于热病口渴及消渴。海底椰性寒，味甘、淡，入肺、胃经，功能清肝润肺、祛痰去瘀、利咽止咳。蜜枣性平味甘，与猪瘦肉一样，功能滋阴润燥。合而为汤，则倍增清燥润肺之力，大有祛痰止咳之功。

[烹制] 枇杷叶、海底椰、蜜枣洗净，稍浸泡，并把蜜枣去核；猪瘦肉洗净，切块。然后与生姜一起放进瓦煲内，加入清水2500毫升（约10碗水量），武火煮沸后，改用文火煲约2小时，调入适量食盐即可（猪瘦肉可捞起切块拌酱油佐餐）。此量可供3～4人食用。

## 贰　鱼胶炖水鸭汤

本品是一款养肺、理肺炖品，很适合家庭作深秋时节的清补之用。它气味浓润，具有理肺滋阴、益气养血之功效，对热病后、产后之气血虚弱诸症及妇女经期发热症，有良好的食疗效果。

［材料］鱼胶 90 克，淮山 30 克，圆肉 30 克，水鸭 1 只，生姜 2 片。

鱼胶是鱼鳔的干制品，除了黄鱼肚外还有鲴鱼肚和鳗鱼肚，以广东所产质量最好，叫广肚。性平，味甘、咸，入脾、胃经，功能健脾养血息风、补肾益精。现代营养学认为其主要成分含蛋白质、黏多糖、脂肪、钙、磷、铁等。水鸭性凉味甘，入脾、胃经、功能补中益气、滋阴泄热，民间认为它能补五脏之阴，清虚劳之热，并能补血行水、养胃生津。淮山、圆肉均为补益药物，淮山重健脾益胃、益肝因肾，圆肉长于补血安神、健脾养颜。合而为汤，则补肺润燥和益气养血一举两得。

［烹制］鱼胶用清水浸泡至软开，切成块状；淮山、圆肉洗净，稍浸泡；水鸭宰后洗净、去内脏，尾部，斩成块状；然后与生姜一起放进炖盅内，加入冷开水 1250 毫升（约 5 碗水量），加盖隔水炖 3 个小时，进饮时方调入适量食盐（水鸭可捞起拌入酱油佐餐）。此量可供 3～4 人食用。

## 叁　白菜干北杏腊鸭肾蜜枣汤

本品气味清润，微苦而带甘，具有清燥润肺、止咳生津功效，亦是深秋时节的家庭汤品，能有效消除秋燥伤肺带来的干咳无痰、咽干鼻燥、口渴欲饮、身热头痛及气逆而喘等症，亦可用于老人慢性支气管炎及习惯性便秘（属阴亏）者。其特点是以腊鸭肾兼顾理胃消食而“培土生金”。

［材料］白菜干 300 克，北杏 15 克，腊鸭肾 4 个，蜜枣 5 个，瘦猪肉 120 克，生姜 3 片。

白菜干为白菜晒干而成，性平味甘，功能润肺燥、清胃热、解热除烦、下气消食，清而不寒、润而不腻，是广东民间常用的汤料。北杏性微温，性甘、辛，质润，功能止咳平喘、宣降肺气，《药性论》说它可“疗肺气咳嗽，止气喘”。腊鸭肾性平，味甘、咸，功能养胃生津、消食健脾。蜜枣能养心润肺。猪瘦肉能补脾气、润肠胃、生津液、丰肌体。合而为汤，则清燥邪、滋阴液、养胃津、消积腻，使肺燥咳喘可愈，胃燥渴饮可止，肠燥便秘可通。

［烹制］白菜干浸软，洗净，切段；北杏、蜜枣洗净，稍浸泡，并把蜜枣去核；腊鸭肾洗净，用温开水稍浸泡，切厚片；瘦猪肉洗净，切片；然后与生姜一起放进瓦煲内，加入清水 3000 毫升（约 12 碗水量），武火煮沸后，改用文火煲 2 小时，调入适量食盐即可。此量可供 3～4 人食用。

## 肆　南北杏鹌鹑汤

本品滋阴润燥，但重在平喘止咳。它气味鲜美，具有滋肺润燥、宣肺止咳、养肺补阴之功效，尤宜老人肺阴不足，症见气逆喘咳，或干咳无痰，或咳痰不利，或久痰不愈者，亦可作女士养颜之用。

[材料] 南杏仁、北杏仁各 10 克，圆肉 15 克，鹌鹑 2 只，猪瘦肉 250 克，生姜 2 片。

南杏性平，味甘甜，长于补肺润燥，《医学启源》说它能“除肺中燥，治风燥在于胸膈”；北杏性温，味苦辛，则长于宣降肺气，《药性论》说它能“疗肺气咳嗽，上气喘促”。二者均有止咳平喘作用，合用则对肺燥咳喘疗效更佳。鹌鹑性平味甘，《食疗本草》说它能“补五脏，益中继气，实筋骨，耐寒暑，消结气”。现代营养学认为其特点是富含卵磷脂、脑磷脂，是高级神经活动不可缺少的营养物质，具有健脑的作用。民间称它为“动物人参”，有“要吃飞禽，还数鹌鹑”之说。圆肉能补血安神。四者与健脾滋阴的猪瘦肉、和胃除腥的生姜合而为汤，则有滋补与宣降互用，健脾与润肺同功之妙。

[烹制] 南、北杏仁用开水烫去衣；圆肉洗净，稍浸泡；鹌鹑宰后洗净，去内脏、脚，斩件；猪瘦肉洗净，然后与生姜一起放进瓦煲内，加入清水 2500 毫升（约 10 碗水量），武火煮沸后，改用文火煲 2 小时，调入适量食盐及少许生油即可（鹌鹑、猪瘦肉可捞起拌酱油佐餐）。此量可供 3～4 人食用。

## 伍　木瓜粟米花生生鱼汤

本品气味清润鲜美，具有润燥、健脾、补肾之功效，为秋日家庭常见的滋补汤品，男女老少皆宜。

[材料] 木瓜（半生熟）750克，粟米（连衣、须）2个，花生100克，生鱼1条（约450～500克），猪𦟌肉250克，红枣5枚，生姜3片。

木瓜为有名的岭南佳果，清润可口，常为广东民间煲汤材料。粟米健脾祛湿，其须能利湿泄热，其衣能和心消食。花生又名长生果，性平味甘，功能补脾益气、养血润燥，《本草备要》说它能“补脾润肺”。生鱼学名乌鳢，俗称乌鱼。其生命力强，能离水后生活一段时间，所以广东称为“生鱼”。它内质坚实，味道鲜美，骨少，性寒味甘，功能养阴、健脾、利水，为广东民间常用的补养食品。红枣甘润滋养兼调味。合而为汤，共奏滋润心肺、补养气血及利水强肾之功。

[烹制] 木瓜洗净，削皮去瓤，切为角块状；粟米洗净，切为短段；花生洗净，稍浸泡；生鱼宰后洗净，去鳞、鳃、肠脏，洗净，抹干水，下油镬慢火稍煎至两边微黄，溅入少许清水，铲起；猪𦟌肉洗净，整块不用刀切；然后与生姜一起放进瓦煲内，加入清水2500毫升（约10碗水量），武火煮沸后，改用文火煲约2小时，调入适量食盐即可（木瓜、花生、生鱼、猪𦟌肉可捞起拌酱油佐餐）。此量可供3～4人食用。

## 陆 粟米牛腰汤

本品气味清润鲜美，具有养脾胃、止渴饮之功效，在金盛土衰、肺强脾弱的深秋时节饮用，可收“奇兵”之效。

[材料] 粟米2～3个，牛腰500克，红枣10枚，生姜2～3片。

粟米即玉米，性平味甘，有调中开胃，降血脂，利胆之功。能辅助治疗脾胃虚弱、胃炎、便秘、高血压、高血脂、胆囊炎，防治大肠癌。其须性平，味甘、淡，功能利湿泄热，其芯亦性平味淡，功能消食滞、助消化。《岭南采药录》说它“和猪肉煎汤治糖尿病”。牛腰性平，味甘、咸，功能补脾胃、益气血，《名医别录》说它“安中益气，养脾胃。”红枣补脾生津。生姜健胃并去牛腰之腥味。合而为汤，则不寒不热，能健脾益胃、生津止渴，不仅可作家庭佐餐靓汤，亦可作糖尿病食疗之用。

[烹制] 粟米连须、衣洗净，切大段；牛腰置沸水中稍滚片刻，捞起洗净（即“飞水”）；红枣洗净，浸泡，去核。然后与生姜一起放进瓦煲内，加入清水2500毫升（约10碗水量），武火煮沸后，改用文火煲2小时，调入适量食盐即可（牛腰、粟米可捞起拌酱油佐餐）。此量可供3～4人食用。

# 冬季

立冬·立冬汤品
小雪·小雪汤品
大雪·大雪汤品
冬至·冬至汤品
小寒·小寒汤品
大寒·大寒汤品

# 立冬

（公历11月7日前后）

立冬是冬季的第一个节气，每年的11日7日前后太阳到达黄经225°时开始。『冬』是终了和万物收藏的意思。《月令七十二候集解》这样解说其含义：『十月节。立字解见前（立春）。冬，终也，万物收藏也。』我国习惯把立冬之日当作整个冬季的开端。

## 立冬的特点

在古代，立冬即标志着冬天的来临，但而今气象学上的冬季，要推迟25日左右才开始，并延续到立春之后，也就是公历的12月、1月和2月。立冬的气候特点是：北半球一日比一日寒冷，黄河中下游亦即将结冰。而在南方，此时天气仍像深秋时节，只是也明显日短夜长了。近年来，随着暖冬现象的频繁出现，立冬的气象标志作用和换季意义，也无形中削弱了。

## 立冬的养生

中医对立冬以后的冬季养生有着丰富的理论和经验，元代道家大师丘处机在《冬季摄身消息论》中指出："冬三月，天地闭藏，水冰地折。无扰乎阳，早卧晚起，以待阳光，去寒就温，毋泄及肤。逆之伤肾，春为痿厥，奉生者少。斯时伏阳在内，有痰宜吐；心膈多热，所忌发汗，恐泄阳气故也。宜服酒浸补药或山药酒三杯，以还阳气。寝卧之时，稍宜虚歇。宜寒极稍加棉衣，以渐加厚，不得一顿便多，推无寒即已，不得频用大火烘炙，尤其损人。"从丘处机的精当阐述中，我们可以把握到冬季养生的一些基本原则：起居上须避寒保暖，早睡晚起，多就阳光，忌激烈活动而出大汗；同时要注意减少体内水分的积聚（冬属水，水多则下注膀胱为尿，使肾脏负担加重），预防因此导致的肾炎、遗尿、水肿等疾病的发生或加重。适宜进饮少量药材浸泡的酒或淮山酒，以助阳气。这时若加衣不当，可造成抵抗力下降及心、胃、肺等脏器功能紊乱，故应十分留意。饮食方面，则开始由"收"至"藏"，总以滋阴潜阳、补肾益心为主，适当加强营养，增加热量，削减辛咸之味，多食苦甘之品。

# 立冬汤品

## 壹　参麦雪梨猪踭汤

本品宜作为风高物燥时的家庭清补汤品。它气味清润，具有清燥润肺、益气生津之功效，可用于肺燥或气阴不足诸症（如干咳无痰、咽干鼻燥、心烦口渴等）的食疗。

［材料］太子参 30 克，麦冬 15 克，南杏仁 30 克，雪梨 4 个，猪踭肉 500 克，生姜 3 片。

太子参性平，味甘、微苦，《本草再新》说它能“治气虚肺燥，补脾土，消水肿，化痰止咳”。麦冬性微寒，味甘、微苦，功能润肺养阴、益胃生津、清心除烦，《药品化义》说它“色白体濡，主润肺，味甘性凉，主清肺，盖肺若气上逆，润之清之，肺气得保”。南杏仁长于补肺润燥，《医学启源》谓之能“除肺中燥，治风燥在于胸膈”。雪梨性微凉，味甘、微酸，《本草通玄》说它“生者清六脏之热，熟者滋五脏之阴”。猪踭肉功能滋阴润燥。其中太子参配麦冬则倍增润肺生津之力，雪梨配南杏仁则强化滋阴止咳之功。合而为汤，则成滋润精品。

［烹制］太子参、麦冬洗净，稍浸泡片刻；南杏仁用开水烫去衣；雪梨洗净，连皮切 4 块，去芯；猪踭肉洗净，切为块状。与生姜一起放进瓦煲内，加入清水 2500 毫升（约 10 碗水量），武火煮沸后，改用文火煲 2 小时，调入适量食盐便可（猪踭可捞起拌酱油佐餐用）。此量可供3～4人食用。

## 贰　灵芝鹌鹑蛋汤

由秋入冬期间，肌肤枯燥和脱发现象十分常见，治当补肾精，养气血。本品气味清甜，具有补血益精、悦色润肤之功效，老少皆宜，尤其适合女士，并可用于营养不良、精神呆滞、贫血、体弱、失眠、心悸及虚劳等症。诚属秋冬滋补美容汤品之一。

［材料］灵芝250克，鹌鹑蛋12个，红枣12枚。

灵芝又名灵芝草，在我国已有2000多年的药用和食用历史。性微温，味淡而微苦，功能补气益血、养心安神、驻颜悦色，有镇静、抗惊厥、护肝、降血压和血糖作用，《神农本草经》认为它“主耳聋，利关节，保神，益精血、坚筋骨，好颜色，久服轻身延年不老”。《太平圣惠方》中有用单味灵芝研末炼蜜为丸，服用“三十日，身白如玉”的记载。现代研究认为，它能提高机体的免疫力，促进造血、增强体质，对抗动脉粥样硬化的形成，保护肝脏，营养肌肤和抗癌抗衰老。鹌鹑蛋性平味甘，功能补益气血。红枣性温味甘，功能生津液、悦颜色，益气补血。合而为汤，则共奏益精补血、润肌养颜之功。

［烹制］灵芝洗净，碎成细块；鹌鹑蛋煮熟，去壳；红枣洗净，浸泡，去核；然后一起放进瓦锅内，加入清水1500毫升（约6碗水量），武火煮沸后，改用文火煲至灵芝出味，调入适量白糖，再煮沸即可。此量可供2～3人食用。

## 叁　首乌桑寄生鸡蛋茶

本品为一款民间传统养生茶汤，具有养血补肾、强筋壮骨、乌发安胎之功效，常用于血虚体弱，须发早白、脱发不生、头晕眼花及肝肾不足、肾虚湿重或孕妇胎动不安、产妇乳汁不足等症。广东著名老中医梁乃津常饮此茶，至八十多岁仍鹤发红颜，精神矍铄。以之作为入冬的家庭常用汤品，十分有益。

［材料］桑寄生 50 克，鸡蛋 4 个，何首乌 100 克。

桑寄生性平，味苦、甘，功能补益肝肾、强壮筋骨、养血祛风湿、安胎催乳，《神农本草经》说它可“安胎，充肌肉，坚发齿，长须眉”，《日华子本草》说它能“助筋骨，益血脉”。何首乌又称首乌，性微温，味苦、甘、涩，功能补肝肾、益精血，《滇南本草》说它能“涩精，坚肾气”，《开宝本草》认为它有“益气血，黑髭鬓，悦颜色”的作用；与桑寄生同用，则补而不腻，温而不燥，壮阳补血、乌发驻颜之效愈显。鸡蛋功能养心安神、益气，在此亦作药引和调味。合为茶汤，则成冬季养生茶饮。

［烹制］何首乌、桑寄生、鸡蛋洗净，一起放入瓦锅内，加入清水 1500 毫升（约 6 碗水量），武火煮沸后，改用文火煲 30 分钟，捞起鸡蛋去壳，再放入锅内煲 1 小时，调入黄糖煮沸即可。此量可供 3 人食用（饮汤吃蛋）。

## 肆　三乌塘虱鱼汤

本品配方独特，气味香浓，亦有补肾益精、滋肝养血、乌发养颜之功效，是一款别出心裁的入冬时令汤品，适用于肾虚之消渴、尿频、头晕目眩、腰膝酸痛及精血亏虚所致的须发早白、脱发等症，值得推荐。

［材料］何首乌、乌豆各 150 克，乌枣 10 枚，塘虱鱼约 500～600 克，生姜 3～4 片。

何首乌性微温而味甘涩能补肝肾、益气血、乌须发、通便秘，被《本草纲目》誉为“滋补良药”。乌豆又名黑豆，性平味甘，功能补肾益阴、养血安神、健脾利湿。乌枣又名黑枣，性微温，味甘，功能补脾益气、养血安神。“三乌”合用，则倍增补肾乌发之力（中医认为黑色对应于水、冬、肾）。塘虱鱼性温味甘，功能补血调中、滋肾兴阳，《食经》说它“主……虚损不足，令人皮肤肥美”。生姜在此主去腥。合而为汤，则相得益彰。

［烹制］何首乌、乌豆、乌枣洗净，稍浸泡，并把乌枣去核；塘虱鱼宰洗净，去肠脏，下油锅稍煎，铲起；然后先将何首乌、乌豆、乌枣与生姜一起放进瓦煲内，加入清水 2500 毫升（约 10 碗水量），武火煮沸，约 30 分钟后加入塘虱鱼，再煮沸，改用文火煲至乌豆烂熟（如吃乌豆腹胀者，可加入 1/4 个陈皮同煲助消化），调入适量食盐即可（塘虱鱼可捞起蘸酱油佐餐用）。此量可供 3～4 人食用。

## 伍　骨碎补猪腰汤

立冬时节，南方虽还不算完全入冬，但已可适当温补，只要不太燥热便无大碍。本品气味苦、甘，具有壮肾强腰之功效，作为不燥不寒的初冬时令汤品，可为男女老少之用。

［材料］骨碎补6克，猪腰1个，生姜2～3片。

骨碎补为水龙骨科植物槲蕨等的干燥根茎，性温味苦，入肝、肾经，功能补肾镇痛、活血壮筋，作为中药常用于治疗肾虚泄泻、风湿痹痛、肾虚腰痛等症。猪腰即猪肾，性平味咸，功能补腰壮肾，常用于肾虚诸症，如腰痛、遗精、盗汗、老人耳聋等。二者合用，温补滋润，相得益彰。

［烹制］骨碎补研细；猪腰洗净，切开，剔去中间筋膜，用盐搓洗，再用清水冲净；然后把骨碎补纳入猪腰内，用线扎紧，与生姜一起放进瓦煲内，加入适量清水1000毫升（约4碗水量）武火滚沸后，改文火煲1小时，调入少许盐、油即可（饮汤吃肉）。此为1～2人量。可每周煲饮2～3次。

## 陆　杞子羊腰汤

本品亦为初冬时令温补汤品，补而不燥，气味香润，具有补肾益精、乌发暖胃之功效，适用于肾精不足、须发早白、腰膝酸软、头晕耳鸣等症。

［材料］枸杞子 50 克，羊腰子 2 个，生地、胡桃肉、杜仲各 100 克，生姜 4～6 片。

枸杞子性平味甘，功能补肝肾、防衰老。羊腰子即羊肾，功能补肾壮阳、益精填髓。生地性寒，味甘、苦，功能养血、凉血。胡桃肉即核桃肉，性温味甘，功能补肾助阳，《食疗本草》说它“常服令人能食，骨肉细腻、光润、须发黑泽”。杜仲性温味甘，功能补肝肾、强筋骨，《神农本草经》说它“主腰脊痛，补中，益精气，坚筋骨”。合而为汤，则大有补肾之功。

［烹制］枸杞子、生地、杜仲洗净，浸泡片刻；胡桃肉用滚水烫过，去衣；羊腰子洗净，剖开，去白脂膜，食用盐搓洗，再用清水冲净，切成厚片置油锅中，用姜片略炒片刻去膻味；然后先将诸药材放进瓦煲内，加入清水 2500 毫升（约 10 碗水量），武火煮沸后，加入羊腰片，沸后，改用文火煲 2 小时，调入适量食盐及少许生油即可。此量可供 3～4 人食用。

# 小雪

（公历11月22日前后）

小雪是冬季的第二个节气，每年的11月22日前后太阳到达黄经240°时开始。《月令七十二候集解》这样解说其含义：『十月中。雨下而为寒气所薄，故凝而为雪。小者未盛之辞。』意思是，此时由于天气寒冷，降水成了下雪，但势未大，量也不多。小雪标志着冬季的正式来临。

## 小雪的特点

小雪时节，黄河流域一般开始下雪，北方也进入封冻季节。以长春为例，该时期的平均气温为−9.3℃，物候则如农谚所云——“立冬封地，小雪封河”。在华北山西，其中南部的第一场雪一般就出现在小雪前后，而小雪以后，往南的地区才始见雪花。北方民间有“小雪雪满天，来岁必丰年”的说法，里面的科学道理是：雪和积雪确实对越冬农作物有许多好处。华南的大部分地区，这时天气仍不太寒冷，只有遇上强寒潮侵袭，才偶有降雪，但时间短、次数少、积雪也不会很多。而在南方，特别是广州及珠三角一带此时才是暮秋的感觉。

## 小雪的养生

小雪时节，要适当减少户外活动，注意保暖，避免阳气消耗及风邪寒气等。但须着重注意呼吸道疾病的产生及发作，特别是小孩和老人。此时节天虽已积阴，却寒未深而雪未大。人体的生理机能也应与之相应，新陈代谢处于相对缓慢的状态，顺应这个节气大体仍是以补益气血、固本扶元为主。但在广东这种亚热带地区，则应在滋阴的基础上，适当养气壮阳，切忌进补大热之品。仍应坚持薄衣法，慢慢加衣，其原则是以穿衣不出汗为度，避免汗孔大开，引风邪寒气侵入人体。忌食的物品方面，应根据各自身体状况，忌吃或少吃西瓜、香瓜、香蕉、柿子、炒花生、炒黄豆、炒蚕豆、辣椒、茴香等，宜食苹果、梨枣、百合、芡实、莲子、淮山、藕、栗子、菱角、杞子、沙参、木耳、燕窝、蛇肉等。

# 小雪汤品

## 壹　核桃芡实淮山猪瘦肉汤

核桃芡实淮山煲猪瘦肉，气味醇和可口，具有健脾益胃、滋肾固精、温肺养血之功，且性味温补，最适合广东人对汤的要求，即不寒不热、不燥不凉、不腻不滞，男女老少皆宜。

［材料］核桃100克，芡实50克，淮山25克，猪瘦肉400克，生姜3片。

核桃富含不饱和及单饱和脂肪酸、蛋白质及磷质、钙质和各类维生素。现代医学研究发现，其脂肪酸、亚油酸和亚麻酸能消耗体内蓄积的饱和脂肪，降低低密度脂蛋白的水平，提高高密度脂蛋白的水平，从而防止胆固醇在动脉内壁的沉积，预防动脉硬化发生。其磷质可营养大脑神经细胞，因此有补脑作用。中医亦认为核桃能补肾固精、温肺止咳、益气养血、补脑益智、润燥化痰、补肝乌发、润肠通便。芡实有健脾止泻、益肾固精、补中益气和滋养强壮的功能。而淮山有健脾胃、补肺气、益肾精、滋养强壮的功效，能除寒热邪气，长志安神，助五脏，长肌肉，止泻痢，化痰涎。猪瘦肉能补益增髓。诸物合而为汤，共奏健脾益胃、滋肾固精、补气养血之功。

［烹制］核桃最好挑选带衣的，与各药材配料洗净，稍浸泡；猪瘦肉洗净，整块不用刀切，然后一起与生姜放进瓦煲，加入清水2500毫升（约10碗水量）为度，武火煲沸后改文火煲约2个小时便可（猪瘦肉可捞起拌酱油佐餐）。此量可供3～4人食用。

## 贰　首乌牛脹汤

本品由《古今图书集成·医部全录》中的“交藤丸”一方化裁而成。它气味甘中带苦，具有补脾益肾、驻颜乌发之功效，可用于脾肾两虚诸症的食疗，是冬日的家庭养生汤品，尤其适宜女士和中青年人。

［材料］何首乌 100 克，茯苓 50 克，牛膝 25 克，红枣 10 枚，牛脹500 克，生姜 2～3 片。

何首乌向为补肾乌发要药，性微温而味甘，功能补肝肾、益精血，《开宝本草》说它能“益气血，黑须发，悦颜色，久服长筋骨、益精髓、延年不老”。茯苓性平，味甘、淡，功能健脾、和中、渗湿，《药品化义》说它“甘则能补，淡则能渗，甘淡属土，用补脾阴，土旺生金，兼益肺气”。牛膝性平，味苦、酸，功能补肝肾、强筋骨。红枣能补脾和胃，益气生津。牛脹能补中益气、滋养脾胃、强健筋骨。合而为汤，则有脾肾双补、容发齐悦之功。

［烹制］何首乌、茯苓、牛膝、红枣（去核）洗净，稍浸泡；牛脹洗净，横纹切片，用沸水烫去腥味；然后与生姜一起放进瓦煲内，加入清水 3000 毫升（约 12 碗水量），武火煮滚后，改用文火煲 3 个小时，调入适量食盐即可。此量可供 3～4 人食用。

## 叁　木瓜莲子鲫鱼汤

近年来，暖冬现象时有出现，尤其是广东一带，有时气温甚至可回升至22℃以上。这时天气会十分干燥。本品气味清甜香润，具有清心润肺、健脾益胃之功效，颇宜于暖冬时饮用。

［材料］木瓜（半生熟）500～600克（约1个），莲子、眉豆各20克，鲫鱼1～2条（约500～600克），生姜3片。

木瓜色泽鲜艳，皮薄肉厚，味美清香，甜滑汁多，色香味俱佳，有“岭南果王”之称。因其清润可口，清心润肺，广东民间亦常作煲汤之料，煲汤时多选用半生熟，而作催乳汤用宜用青木瓜。莲子、眉豆分别能补益脾胃、养心宁神和健脾、祛湿气。鲫鱼性平味甘，入脾、胃、大肠经，功能健脾补虚，《日华子本草》说它能“温中下气，补不足”。合而为汤，则成清补滋润之合时佳品。

［烹制］木瓜洗净，去皮，切成块状；莲子（去芯）和眉豆洗净，稍浸泡；鲫鱼宰净去腮、鳞、肠脏，洗净，下油镬用慢火稍煎至微黄；然后一起放入瓦煲内，加入清水2500毫升（约10碗水量），武火煲沸后，改用文火煲2个小时，调入适量食盐即可（木瓜、莲子、眉豆、鲫鱼可捞起拌酱油佐餐）。此量可供3～4人食用。

## 肆　黄豆蚝豉猪骨汤

冬季到了，成年人要适当进补调理，小孩和中老年人更应该及时进补调理。本品气味香浓可口，具有健脾养血、益胃强身之功效，可用于脾胃虚弱诸症，如发育不良、身高及体重不足、食欲欠佳、形体瘦弱、四肢乏力等，实属最宜儿童、老人的冬日保健汤品。

［材料］蚝豉3～4只，黄豆50克，猪脊骨500克，生姜3片。

黄豆的蛋白质含量丰富，黄豆蛋白是唯一能代替动物蛋白的植物性食品，它有助于降低血浆胆固醇水平，促进骨质健康，促进肾功能，在豆类中含钙质最高，被誉为“营养之花”、“豆中之王”。蚝豉是牡蛎肉的干制品，性平，味甘、咸，功能滋阴养血。其鲜美惹味，为广东民间煲汤的常用材料，既能滋阴又能调味。猪脊骨能补益增髓。合而为汤，则补而不腻，大有强身健体之功。

［烹制］蚝豉浸软，洗净；黄豆洗净，稍浸泡；猪脊骨洗净，斩件；然后一起放进瓦煲内，加入清水2500毫升（约10碗水量），武火煮沸后，改用文火煲2个小时，调入适量食盐即可。此量可供3～4人食用。

## 伍　沙参天冬当归猪肺汤

南方冬日多晴冷干燥天气，本品气味甘润，具有润肺养阴、清理肌肤之功效，适用于皮肤干烈燥痒等症（中医认为“肺主皮毛”），并兼顾补血，不失为一款家庭冬日时令靓汤。

［材料］沙参25克，天冬15克，当归6克，猪肺1个，猪踭肉150克，生姜2～3片。

沙参性寒味甘，功能补肺阴、养胃津，《本草从新》说它“专补肺阴，清肺火，治久咳肺痿”，《饮片新参》认为它能“养肺胃阴，治虚劳咳呛痰血”。天冬性寒味甘，是有名的补阴药材，功能养阴、润燥、滋肾、止渴、生津。当归性温，味甘、辛、微苦，功能养血润燥。与猪肺合而为汤，则既补肺、润肺、理肺，又养血、养颜、养肤，堪称清补妙品。

［烹制］沙参、天冬、当归洗净，稍浸泡；用水灌入猪肺喉管，用手挤洗，再用生粉反复搓洗，切为厚片状，稍浸泡，再挤洗干净，置沸水中稍滚片刻，洗净（即“飞水”）；猪踭肉洗净，整块不用刀切；然后与生姜一起放进瓦煲内，加入清水3000毫升（约12碗水量），武火煲沸后，改用文火煲2个半小时，调入适量食盐即可（猪肺、猪踭肉可捞起拌酱油佐餐）。此量可供3～4人食用。

## 陆　红枣马蹄炖兔肉

冬日养生汤品，讲究既要滋补又要避免温燥，而于汤中加入嫩脆清甜的马蹄，是广东民间烹制汤品的常用方法。其既清热又开胃下气。本品即属此类。它气味清润甘甜，具有补中益气、健脾养血之功效，适用于脾胃虚弱和脏燥诸症，是家庭常用的清补靓汤。

［材料］红枣 20 枚，马蹄 5 只，兔肉 500 克，生姜 3 片。

红枣性温味甘功效补脾和胃，益气生津，《名医别录》说它能“补中益气强力，除烦闷”。马蹄，学名为荸荠，是果、蔬、药兼用之品，现代营养学认为其特点是能促进体内的糖、脂、蛋白质三大物质的代谢，调节酸碱平衡。中医认为其性凉味甘，功能清热生津、开胃下食。兔肉性平味甘，功能益气补血，《名医别录》说它“主补中益气”，《食物本草备考》认为它能“治消渴”。合而为汤，共奏健脾养血、补中益气之功。

［烹制］红枣洗净，去核，稍浸泡；马蹄削去皮，洗净，切对半；兔肉洗净，切为块状；然后与生姜一起放进炖盅内，加入冷开水 1500 毫升（约 6 碗水量），加入少许生油，加盖用隔水炖 3 小时，调入适量食盐即可。此量可供 3～4 人食用。

# 大雪

（公历12月7日前后）

大雪是冬季的第三个节气，每年的12月7日前后太阳到达黄经255°时开始。《月令七十二候集解》这样解说其含义：『十一月节。大者盛者。至此而雪盛矣。』《二十四节气解》则称：『大者已盛之辞，由小至大，亦有渐也。』意思是至此时节，天气更加寒冷，雪将由小而渐大，直至『白茫茫一片大地真干净。』

## 大雪的特点

华北农谚说：“小雪封地，大雪封河。”通常这时，黄河流域一带已渐有积雪，而更北的地方，则已是“千里冰封，万里雪飘”的北国风光了。由于近年来受全球气候变暖的影响，有时到了此节气才开始下雪。而在南方，尤其是岭南一带，却依然草木葱茏，气温介乎10～15℃之间，与北方的气候相差很大。可以说，这时南方是秋末刚进入初冬的气候，同时空气中的湿度降低，给人们十分干燥的感觉。

## 大雪的养生

大雪时节，万物生机潜藏，养生也要顺应自然界规律，在“藏”字上下工夫，即养精蓄锐，为来年万物复苏时奠定健康的生理基础。起居调养宜早睡晚起，并要收敛神气，保持沉静愉悦，注意保暖，避免受寒，不轻易扰动阳气。饮食方面则要继续进补，既温阳又养阴，以填精、滋血、补中、益气为要，同时要注意消积除腻。尤其在南方，应保持肺气清肃不受秋燥的损害。现时早晚温差悬殊，老年人要谨慎起居，适当运动，增强对气候变化的适应能力。穿衣亦要随着温度的降低而增加，宜保暖贴身，不使皮肤开泄汗出，保护阳气免受侵夺。夜间更要保护四肢暖和，气血流畅。此节气起是南方季节气候转换时，是中风易发作的时节，患有高血压、高血脂、糖尿病的中风高危人群尤应警惕。体育锻炼是不可缺少的，可根据自己的年龄爱好选择不同项目。养生的饮食要清燥润肺和滋阴补肾的清润、温补转换交替。

# 大雪汤品

## 壹　西洋菜无花果鲫鱼汤

应时的西洋菜配上清润的无花果煲鲫鱼，气味清润醇和，有益气养肺、润肠消燥的功效，为男女老少皆宜的家庭靓汤。

［材料］西洋菜 800 克，无花果 4 个，鲫鱼 1～4 条（约 400～500 克），猪瘦肉 150 克，生姜 3 片。

西洋菜是秋冬季节的时蔬，性寒味甘，有清热润燥的作用，所以广东人最爱以它做干燥冬日时煲汤的材料。无花果性寒味甘，有健胃、润肠、利咽、防癌、滋阴的功效。现代营养学认为，其特点是不含铜、维生素 E 和烟酸，但却含各种酸类物质和抗肿瘤成分，被誉为“人类健康的守护神”。鲫鱼肉质细嫩、鲜味而不肥腻，在广东有“秋鲤冬鲫”之说，此时的鲫鱼最为鲜美肥腴。中医认为它有健脾利湿、和中开胃、活血通络、温中下气的功效，经常食用，能补充营养、增强抗病能力。因此，《本草经疏》说鲫鱼“与病无碍，诸鱼中惟此可常食”。猪瘦肉有益髓补营的功效。诸物合用，更具润燥、益气、养肺、健脾功效。

［烹制］将西洋菜洗净、切短段状；无花果稍浸泡，洗净；鲫鱼宰洗净，慢火煎至两面微黄，溅入少许清水，一起放进瓦煲内；猪瘦肉洗净，整块不用刀切。加入清水 2500 毫升（约 10 碗水量），武火煲沸后，改为文火煲约 2 小时，调入适量食盐便可（西洋菜、鲫鱼、瘦肉可捞起拌入酱油供佐餐用）。此量可供 3～4 人食用。

## 贰　核桃龟甲鸡骨汤

冬季进补，补肾是要点。中医认为“肾藏精”、“肾主骨”、“肾主水”，也就是说，肾脏功能关系到人的生命活力、骨髓生长和体液的代谢与排泄，并对应于冬天。因此，冬日补肾不仅合时，而且必要。本品气味香润可口，具有补肾精、填骨髓、充囟门之功效，亦可用于小儿头颅骨软、脑门迟闭而大及佝偻等症的食疗。

［材料］核桃10克，龟甲30克，乌骨鸡胫骨2对，生姜3片。

核桃性温味甘，入肾、肺经，健肾强腰、补脑益智。现代营养学认为其特点是，富含的磷质可营养大脑神经细胞，因此有补脑作用，常吃可增强记忆，延缓大脑衰老。龟甲即中药龟板，性平，味甘、咸，入肝、肾经，功能滋阴潜阳、益肾健骨，《本草通玄》认为它“肾经药也。大有补水制火之功，故能强筋骨，益心智，止咳嗽，截久疟，去瘀血，生新血”。乌骨鸡又名乌鸡，性平，味甘、咸，功能补血益气。合而为汤，则补肾、填精、充髓、益智，功效齐全。

［烹制］龟甲、核桃洗净，稍浸泡；乌骨鸡胫骨用刀背打破；然后先将龟甲、乌骨鸡胫骨放入炖盅内，加入冷开水1500毫升（约6碗水量），加盖隔水炖2个小时，再加入核桃，炖至核桃熟烂即可。进饮时方调入适量食盐，此量可供3～4人食用。

## 叁　女贞子黑枣牛腱汤

本品气味香浓而略带苦涩，具有补肝益肾、滋阴养血之功效，可用于肝肾不足、精血虚少、须发早白、腰酸腿软、夜尿、头晕、失眠、老人肾虚诸症的食疗，常服则有青春常驻的奇效，实为冬令养生汤品。

［材料］女贞子 100 克，黑枣 4 枚，牛腱500 克，生姜4～5 片。

女贞子性平，味甘、苦，《神农本草经》说它“主补中，安五脏，养精神，除百疾，久服肥健”，《本草纲目》认为它“强阴，健腰膝，变白发，明目”。它善滋肝肾之阴液，滋而不腻，清肝肾之虚热，清热而不损阳气，为补肾滋阴之常药，上荣头目而乌发明目，下滋肝肾则强筋壮腰。黑枣性微温，味甘，功能补脾益气、养血安神。牛腱功能养血、强筋、益肾。生姜则驱寒膻味。合而为汤，则在补肾益精、补气养血之外，还有强壮筋骨、乌黑须发之功。

［烹制］女贞子、黑枣（去核）洗净，稍浸泡；牛腱洗净，用开水烫一下；生姜切片。然后一起放进瓦煲内，加入清水 2500 毫升（约 10 碗水量），武火煮沸后，改用文火煲 2 小时，调入适量食盐及少许生油即可（牛腱捞起切片拌生油、酱油佐餐）。此量可供 3～4 人食用，宜于寒冷时隔 2～3 日饮用 1 次。

## 肆　芝麻黑豆泥鳅汤

本品由《太平惠民和剂局方》的“生发神效黑豆膏”化裁而成，气味香润，具有补肾健脾、养血生发之功效，可用于脾肾两虚、精血亏损、脱发、须发早白及面色萎黄、消渴、脚气、湿疮癣痒等症的食疗，尤宜初冬时饮用。

［材料］黑芝麻、黑豆各 120 克，泥鳅约 750 克，陈皮 1/4 个，生姜 2～3 片。

中医认为黑芝麻可补肝肾，调五脏，可治肝肾不足、虚风晕眩、大便燥结、须发早白、产后缺乳等。而黑豆能健脾补肾，祛湿利水，活血通络，清热解毒，主治头昏、视物暗花、水肿、脘腹胀满、风湿痹痛等。二者合用则补肾养血之外，还兼清热解毒。泥鳅性平味甘，功能补脾益气、除湿助阳，是消瘦乏力及皮肤瘆痒者的常用食品。合而为汤，则除肌肤湿毒而护肤生发，健脾胃气血而生发养发，补肝肾不足而固发黑发。

［烹制］黑芝麻、黑豆洗净；泥鳅宰后洗净，慢火煎至微黄后铲起；陈皮洗净去瓤，稍浸泡（如平素胃寒者，则宜炒用）；然后与生姜一起放进瓦煲内，加入清水 2500 毫升（约 10 碗水量），武火煮沸后，改用文火煲 1 个半小时，调入适量食盐即可。此量可供3～4人食用。

## 伍　肉苁蓉海参炖瘦肉

中药肉苁蓉配伍海参炖猪瘦肉，香润温补，具有补肾益精，养血润肠之功效，为秋末冬初的养生汤品。它还可以用于精血亏损，或病后、产后阴血不足，症见羸弱便秘或消渴，亦可用于肾虚阳痿。

［材料］肉苁蓉 90 克，海参 80 克，枸杞子 30 克，猪瘦肉 150 克，生姜 2～3 片。

肉苁蓉性温，味甘、酸、咸，入肾、大肠经，功能补肾益精，润燥滑肠，《别录》说它能治“腰痛”，《日华子本草》说它能“润五脏，长肌肉，暖腰膝”，《药性论》也认为它能“益髓，悦颜色”，且有“大补益”的功用。海参性温，味甘、咸，功能滋肾、补血、润燥、调经、养胎、益精，为海中珍品，也是名贵的滋补品。现代医学还认为它有助于防治贫血，降低血脂，软化血管，所以是高血压和冠心病患者的美食。配伍滋肝补肾的杞子、滋阴润燥的猪瘦肉，更是温而不燥、滋而不腻、补而不峻、滑而不泄的平补滋阴的汤品。

［烹制］肉苁蓉、枸杞子洗净，浸泡；海参浸发 5 小时，洗净，切为丝状；猪瘦肉洗净，可切为块状，亦可整块不刀切，然后与生姜一起放进炖盅内，加入冷开水 750～1000 毫升（约 3～4 碗水量）和少许生油，加盖隔水炖约 3 小时便可。进饮时方下盐（海参、猪瘦肉可拌酱油供佐餐用）。此量可供 2～3 人食用。

## 陆　芡实莲子猪肚汤

中医养生学认为，冬日主“藏”，所以固肾涩精和潜养心气非常重要。本品气味香润可口，具有健脾胃、益心肾、补虚损之功效，“固涩”与“潜养”作用均十分明显，为家庭常用的冬季养生汤品之一。本汤品对防治胃溃疡、十二指肠溃疡也有一定作用，亦可用于脾胃虚弱或心肾不交或肾虚诸症的食疗。

[材料] 芡实 30 克，莲子 30 克，猪肚 500 克，红枣 10 枚，生姜 3 片。

芡实性平，味甘、涩，《本草纲目》说它能“止渴益肾”，《本草从新》则认为它“补脾固肾，助气涩精”。现代医学研究表明它含有丰富的淀粉、蛋白质、脂肪、糖类、矿物质和多种维生素。莲子功能健脾养心，与芡实合用，可协调心肾功能。猪肚即猪胃，性温味甘，功能补虚损、健脾胃，《本草经疏》认为它“为补脾胃之要品”，《本草图经》指出它能“补羸助气”。红枣能补脾和胃，益气生津。合而为汤，共奏健运脾胃、协调心肾、平补虚损之功。

[烹制] 芡实、红枣（去核）、莲子（去芯）洗净，用清水浸泡 20 分钟；猪肚翻转洗净，再用生粉反复揉擦干净，洗净；然后将芡实、红枣、莲子一齐放入猪肚内，与生姜一起放入瓦煲内，加入清水 3000 毫升（约 12 碗水量），武火煮沸后，改用文火煲 2 个小时，调入适量食盐即可（猪肚可捞起切为条形状拌酱油佐餐）。此量可供 3～4 人食用。

# 冬至

（公历12月22日前后）

冬至是冬季的第四个节气，每年的12月22日前后太阳到达黄经270°（冬至点）时开始。《月令七十二候集解》这样解说其含义：『十一月中。终藏之气，至此而极也。』《通纬·孝经授神契》则指出：『大雪后十五日，斗指子，为冬至，十一月中（夏历）。阴极而阳始至，日南至，渐长至也。』

冬至的当天，阳光几乎直射南回归线，所以这一日北半球昼最短而夜最长，阴气达到顶点。此后，阳光直射位置开始向北回移，北半球的白天也将逐渐延长。

## 冬至的特点

从冬至起到翌年的惊蛰，是一年中最寒冷的时段。我国传统有从冬至开始“数九”的习俗，即从冬至日算起，每九日为一段落，代表寒冷程度的加深，直到“九九”数尽（共八十一天），寒冷才告结束，代之以回阳转暖。在南方，这时也开始进入寒冷时节了。另外在我们广州及珠三角一带还有一个有趣的说法，是“干冬湿年”、“湿冬干年”，意思为冬至这一天下雨则过年（即春节）便晴天，如冬至晴天则过年（即春节）就雨天。

## 冬至的养生

冬至是一年中天地阴阳气运转接的关键时刻之一（另一个是夏至），也是人体内部阴阳气运转接的关键时刻。此时阴盛阳衰，阴极生阳，阳气萌动；中医的养生理论特别重视冬令进补，所以冬令进补多选择由冬至开始，尤其是在南方，它可促进人体阳气的萌生，消耗相对减少，进补后可发挥最大的药效，且可保存封藏最长的时期。古曰“秋冬养阴”，特别是阳虚的人们，冬季补阳气的同时也应重视养阴，补充消耗的阴精，阴精的充沛，也有利于阳气的生长。还应注意的是，许多宿疾（如呼吸系统、泌尿系统疾病）最易在此时发作，故在饮食进补时要顺应体内阳气的潜藏，以敛阳护阴为根本，以保证生命活动适应自然界的变化。具体的是应遵循增加热量，少食咸、多食苦，辨证施补等基本要领。按科学的分析，此时所需要的能量比秋季高出10％～15％。

# 冬至汤品

## 壹　栗子冬菇鲜鸡汤

在广东，素有“冬至大过年”的习俗，可见冬至这个节日甚至比春节还重要。本品气味香浓可口，具有益气养血、滋阴补肾之功效，老少咸宜，无疑是家庭“过冬”（过冬至节）汤品。

［材料］鲜栗子肉 500 克，冬菇 45 克，光鸡 1 只（或鸡肉 500 克），陈皮 1/4 个，生姜 3 片。

栗子又名板栗，广州人称之为“风栗”，向有“千果之王”的美誉，性温而味甘，功能养胃健脾、补肾强筋。现代医学研究表明它含有丰富的蛋白质、脂肪、糖类、淀粉、维生素 B 和脂肪酶等，对抗高血压、冠心病、动脉硬化等有一定的作用。鸡肉性平味甘，功能补益五脏。加上健脾益胃、芳香化滞的冬菇、陈皮，合而为汤，则成当令滋补首选佳作。

［烹制］栗子肉用开水烫，稍浸泡后去衣；冬菇泡软后去蒂，洗净；陈皮浸泡，洗净，去瓤；鸡肉洗净，斩件；然后先将栗子肉、鸡肉、陈皮、姜片放进瓦煲内，加入清水 2500 毫升（约 10 碗水量），武火煮沸后，改用文火煲 1 个小时，再加入冬菇煲约 30 分钟，调入适量食盐即可（栗子肉、鸡肉可捞起蘸酱油佐餐）。此量可供 3～4 人食用。

## 贰　芡实北芪猪瘦肉汤

本品气味甘润，具有补中益气、开胃止渴、固肾养精之功效，亦可用于头痛、关节痛、腰痛、神经痛及老人尿频等症的食疗，也是“过冬”的一款常见靓汤。

［材料］芡实 45 克，北芪 9 克，猪瘦肉 250 克，红枣 5 枚，生姜 3 片。

芡实性平，味甘、涩，入脾、肾经，功能健脾祛湿、固肾养精，《本草纲目》认为它“能治遗精、白浊、带下”。古药书还说它是“婴儿食之不老，老人食之延年”的粮菜佳品，它更适宜于肾亏、腰脊酸痛、小便频繁者食用，亦适宜于妇女脾虚和白带增多者食用。现代医学研究表明，它含有丰富的碳水化合物、蛋白质、维生素及钙、磷、铁等，而含脂肪只有 0.2%，所以极易为人体吸收。北芪即黄芪，性微温，味甘，入脾、肺经，功能补气升阳、益卫固表、托毒生肌、利水消肿。加上红枣养血，生姜醒胃，猪瘦肉滋阴，合而为汤，则补而不燥，共成扶阳益阴之冬令佳品。

［烹制］芡实、北芪、红枣（去核）洗净，稍浸泡，然后与猪瘦肉、生姜一起放进瓦煲内，加入清水 1500 毫升（约 6 碗水量），武火煮沸后，改用文火煲约 1 个半小时，调入适量食盐即可（猪瘦肉、芡实可捞起拌酱油佐餐）。此量可供 2～3 人食用。

## 叁　木瓜花生带鱼汤

木瓜花生煲带鱼气味清香，功效滋润，且润肺益气，健脾养血，不寒不燥，可谓男女老少皆宜。

[材料] 木瓜（半熟）1个（约600～750克），带鱼500克，花生80克，猪排骨300克，生姜3片。

木瓜因色泽鲜艳、皮薄肉厚、味美清香、甜滑多汁，被誉为“岭南佳果”。中医认为它滋润，且能治消化不良。现代医学证实它富含糖类，而少含蛋白质和脂肪，还含丰富的维生素类。广东民间常习惯用以煲猪肉、猪肺汤，有润肺、补肾、健胃的效能。带鱼体润肉肥、鲜嫩质佳，其性温味甘，入脾、胃经，有和中开胃、养肝补血、泽肤健美和补虚益肾等功效。现代医学认为其营养特点是含脂肪量高于一般鱼类，且多为不饱和脂肪酸，这脂肪酸的碳链又较长，具降低胆固醇的作用；其所含蛋白质亦较高，且为优质蛋白。

[烹制] 木瓜去皮去核，洗净切块；花生洗净，浸泡；排骨洗净；带鱼宰后洗净，切成块状，加少许盐腌片刻，微火煎至两面微黄铲起。先把花生、生姜放进瓦煲内，加入清水3000毫升（约12碗水量），武火沸后，加入带鱼、猪排骨和木瓜，烧开后，文火煲约2个半小时，调入适量食盐便可（木瓜、带鱼、猪排骨和花生可捞起拌酱油佐餐用）。此量可供3～4人食用。

## 肆　五指毛桃水蛇猪排骨汤

五指毛桃水蛇猪排骨汤气味醇和可口，且为温补滋脏腑，健筋骨，男女老少皆宜，可谓冬日温补靓汤之一。

［材料］五指毛桃 120 克，水蛇肉 500 克，猪排骨 150 克，红枣 4 个，生姜 3 片。

五指毛桃又称南芪，即谓南方黄芪的意思。因黄芪产于北方，习惯叫“北芪”，而它有黄芪的补气、升阳、益血固表之功，却性平味甘、淡，尤适合南方之用，所以又称“南芪”，入汤时气味鲜美，有一股似椰汁般的香气，十分惹人。它春夏能化湿、舒筋骨，秋冬能健脾胃、益气血。水蛇性平，味甘、咸，有养阴益血、活血通络的功效。广州人早就有在寒冬之日，用蛇肉来滋补身体的习惯，在此时节食用蛇肉，无论对气血、经络、脏腑都是十分有益的。猪排骨亦性平，味甘、咸，具有补髓益骨、壮腰健肾的作用，在此汤中既是起了汤味更惹人可口的作用，又有其疗效的作用。合而为汤，则醇香而又可口，补益而又不腻滞，为冬季养生靓汤之一。

［烹制］将五指毛桃洗净，稍浸泡；水蛇肉洗净，切段，置沸水中稍滚片刻，洗净（即“飞水”）；猪排骨洗净。然后与生姜一起放进瓦煲内，加入清水 2500 毫升（约 10 碗水量），武火煲沸后，改为文火，煲约 2 个半小时，调入适量的食盐便可，此量可供 3～4 人食用。

## 伍　鱼胶杞子炖田鸡

冬至时节，固宜进补，但身处南方，仍须注意防止燥热。本品气味香浓，虽有补肾虚、益气血、养容颜之功效，却不燥不热，颇宜中老年人及女士饮用；对气血不足、精神疲倦，肌肤衰老、手脚冷痹及妇女产后血虚等症，食疗效果亦十分明显。

［材料］鱼胶 100 克，枸杞子 50 克，田鸡腿肉 500 克，猪腰 1 对，生姜 2 片。

鱼胶即鱼鳔的干制品，又名鱼肚，性平味甘、咸，功能补肾益精。现代营养学亦认为富含高黏性的胶体蛋白质和黏多糖物质，有较好的养血止血作用，也可滋阴添精，润肺健脾。枸杞子性平味甘，功能平肝补肾、益精明目，《神农本草经》说它“久服坚筋骨”。田鸡此处用其腿，取强壮筋骨之义（以形补形）。猪腰亦然，作以肾补肾之用。合而为汤，则相得益彰，共成冬日滋补汤品。

［烹制］鱼胶用滚水浸发至软，剪丝；枸杞子洗净，稍浸泡；田鸡宰净，取其腿，起肉去骨；猪腰洗净，剖开，去脂膜，切片；然后与生姜一起放进炖盅内，加入冷开水 1500 毫升（约 6 碗水量），加盖隔水炖 3 个小时，进饮时方调入适量食盐。此量可供 2～3 人食用。

## 陆　雪耳圆肉炖乳鸽

本品气味清润鲜美，具有补气润肺、滋养容颜之功效，与鱼胶杞子炖田鸡有异曲同工之妙，亦适宜作为中老年人或女士的冬日养生补品。

[材料] 雪耳 60 克，圆肉 100 克，乳鸽 2 只，生姜 2 片。

雪耳又名银耳、白木耳，属我国特产，不仅能食用，且能药用，并常作补品使用，其药用价值历来与人参、鹿茸齐名，被称为“山珍”或“菌中明珠”。其性平，味甘、淡，功能滋阴润肺、养胃生津。现代药理认为它对慢支、肺源性心脏病有疗效，并有护肝和抑制肿瘤的作用、还能嫩肤美容。圆肉性平味甘，功能开胃益脾，安神补血。乳鸽性平，味甘、咸，功能滋润补虚、祛风解毒，是去斑养颜的常用食品，《普济方》中有炒食鸽肉下酒可除白癜风之说，《串雅内篇》则有用白鸽、血竭煮酒食以补血、活血、养颜、治“干血痨”的记载。合而为汤，则共奏补脾益肺、理气养血、润肤驻颜之功。

[烹制] 雪耳浸泡，洗净，撕为小朵；圆肉洗净，稍浸泡；乳鸽宰洗净，斩件；然后与生姜一起放进炖盅内，加入冷开水 1250 毫升（约 5 碗水量），加盖隔水炖 3 个小时，进饮时方调入适量食盐。此量可供 3～4 人食用。

# 小寒

（公历1月5日前后）

小寒是冬季的第五个节气，每年的1月5日太阳到达黄经286°时开始。《月令七十二候集解》这样解说其含义：『十二月节。月初寒尚小，故云。月半则大矣。』意思是，小寒是十二月（农历）的节气，因处于该月前半段，所以天气虽至严寒，却尚未冷到极点。正如《群芳谱》所指出的：『冷气积久而为寒，但还没有达到最至极也。』

## 小寒的特点

小寒正值“三九”前后，我国大部分地区，尤其是黄河流域从此已进入严冬时节，土壤冻结，河流封冻，正所谓“数九寒天”也。从节气顺序来说，大寒应冷于小寒，但历年的气象记录却表明，小寒往往比大寒还冷，可以说是全年中最冷的节气。南方的四季变化没有北方明显，所以小寒的寒冷程度也没有北方突出，但气温随着寒流来袭而骤降的情形，也往往不算少见。在广州及珠三角一带，以二十四节气来说，小寒是最寒冷的节气之一，另一个寒冷的时节是立春后的雨水与惊蛰之间。此节气冷的特点是干冷，立春、雨水、惊蛰时是“湿冷”。

## 小寒的养生

中医认为，作为冬季的特征，寒属盛阴之气，主收藏凝滞；而小寒与小暑、大寒与大暑恰成阴阳两极，气运彼此相反。故《黄帝内经》早有养生格言：“春夏养阳，秋冬养阴。”因此，小寒的养生原则仍是敛藏精气，固本扶元，以“防寒补肾”为主。“三九补一冬，来年无病痛。”民间的这一俗语，既说明了此时合理进补的重要性，同时也是这方面长期实践的经验总结，值得充分重视。人们在经历春湿、夏暑、秋燥的消耗后，脏腑的阴阳气血会有所偏衰，合理进补既可及时补充气血津液抵御严寒侵袭，又能使来年少生病，身体更强壮，达到事半功倍的养生目的。就南方的具体情况而言，此时的进补食物有羊肉、鸡肉、甲鱼、核桃、大枣、圆肉、淮山、莲子、百合等补脾胃、温肾阳、养肺止咳、润燥化痰的食物和肉类。但体质偏热、偏实及容易上火者，则应注意凉热的合理搭配。同时要加强锻炼，如慢跑、冬泳、打球等。还要注意保暖，预防呼吸道疾病的发生。心血管患者应特别注意。

# 小寒汤品

## 壹　三子猪排骨鱼肚汤

所谓的"三子"，即中药的杞子、女贞子、沙苑子。此"三子"配以猪排骨煲鱼肚略带中药的气味而又不失醇和可口，能益肝肾、健肌肤、强筋骨、敛肾气，可谓是冬日滋补靓汤。

［材料］杞子 30 克，女贞子、沙苑子各 25 克，鱼肚 50 克，猪排骨 400 克，生姜 3 片。

杞子性平味甘，入肝、肾经，能滋补肝肾、益精明目，用于肝肾亏虚、腰膝酸软、耳鸣眩晕、两目昏花、内热消渴、血虚萎黄。女贞子性凉，味甘、苦，能滋补肝肾、强腰膝、乌须发的作用，用于阴虚内热、腰膝酸软、头眩目昏、须发早白、心悸失眠等。沙苑子性温味甘，入肝、肾经，有补肾固精、养肝明目之功，用于头痛、目昏、腰膝酸软、尿频余沥、遗精、早泄、白带增多等。三者均为滋补类药物，而鱼肚有滋阴潜阳、补肾强精的作用，而猪排骨则能补血生髓，大枣能补气养血、健脾养胃，合而为汤更能补肾敛气、壮阳填精，还对夜尿频多效果甚佳。

［烹制］杞子、女贞子、沙苑子、大枣分别洗净，稍浸泡，并将大枣去核；鱼肚用温水浸泡 6 小时以上至软（即"水发"），洗净，切块；猪排骨斩为块状，然后与生姜一起放进瓦煲内，加入清水 2500 毫升（约 10 碗水量），武火煲沸后，改为文火煲 2 小时，调入适量食盐便可。此量可供 3～4 人食用。

## 贰　党参麦冬兔肉汤

近年来，“小寒不寒”的现象时有出现，这时进补，就应适当配以滋阴润燥之物，调和阴阳。本品气味清甘，具有滋阴补气、养神培元之功效，颇合此旨。

［材料］党参 25 克，麦冬 15 克，淮山 25 克，红枣 12 个，兔肉 750 克，生姜 2～3 片。

党参性微温，味甘，入脾、肺经，功能补中益气，健脾消渴。麦冬性微寒，味甘、微苦，入肺、胃、心经，功能养阴清热，润肺止咳。兔肉性凉味甘，《名医别录》称其“主补中益气”，《本草纲目》指出它有“凉血、解热毒、利大肠”的功用。配以健脾补气的淮山、红枣合而为汤，则成冬日清补美品，不仅老少咸宜，而且可作糖尿病患者的食疗佳选。

［烹制］党参、麦冬、淮山、红枣（去核）洗净；兔肉洗净切块，置沸水中稍滚片刻，再洗净（即“飞水”）；然后与生姜一起放入瓦煲内，加入清水 3000 毫升（约 12 碗水量），武火煮沸后，改用文火煲约 3 个小时，调入适量食盐及少许生油即可（兔肉可捞起拌酱油佐餐）。此量可供 3～4 人食用。

## 叁　圆肉北芪羊肉汤

小寒时节，正是吃羊肉进补的好时机；本品鲜美可口，具有补气固表、滋阴壮阳之功效，也可用于产后气虚自汗等症的食疗。

［材料］北芪 15 克，淮山 15 克，圆肉 10 克，大枣 4 枚，竹蔗 250 克，羊肉 500 克，生姜 3～4 片。

北芪性微温，味甘，入脾、肺经，功能升阳益气，固表止汗。淮山性平味甘，入脾、肺、肾经，功能补脾养胃、固肾涩精、生津益肺。圆肉、大枣均能滋润益气。羊肉功能益气补虚。加驱寒去膻的生姜、竹蔗（广东人在煲羊肉汤时喜加竹蔗去膻）合而为汤，则成寒冬温补佳品。

［烹制］北芪、淮山、圆肉、大枣（去核）洗净，稍浸泡；竹蔗砍段，破开；羊肉置沸水稍滚片刻，洗净（即“飞水”）；然后与生姜一起放入瓦煲内，加入清水 2500 毫升（约 10 碗水量），武火煮沸后，改用文火煲 2 小时，调入适量食盐及少许生油即可（羊肉可捞起切为块状拌酱油佐餐）。此量可供 3～4 人食用，最好 2～3 日煲 1 次，以加强滋补效果。

## 肆　杜仲核桃猪腰汤

肾主藏精而为生命之元，冬季补肾的中医的养生之法。本品气味香润，具有补肾益精、健筋强骨、温助元阳之功效，尤宜中年男士食用，亦可辅助治疗腰背酸痛、足膝酸软、阳痿遗精、盗汗、耳聋、小便频数等症。

［材料］杜仲 15～30 克，核桃 20 克，猪腰 2 个，生姜 3 片。

杜仲性平，味甘、微辛，入肝、肾经，功能补肝肾、强筋骨，并能安胎，《本草经》说它“主腰脊痛，补中益精气，坚筋骨，强志，除阴下痒湿，小便余沥”，现代医学研究表明它还有降血压和降低胆固醇的作用。核桃性温味甘，入肾、肺经，功能补肾强腰。猪腰性平味咸，《名医别录》说它能“和理肾气，通利膀胱”，《日华子本草》指出它可“补水胜，治耳聋”，在此取“以形补形”之义。合而为汤，共奏补肾壮阳之功。

［烹制］杜仲以盐水微洒，再微火炒干；核桃用开水烫去衣；猪腰洗净，去外膜，切为两半，将里面的腰臊挑去，再用生盐搓洗，冲净；然后一起与生姜放进瓦煲内，加入清水 2500 毫升（约 10 碗水量），武火煮沸后，改用文火煲 2 个半小时，加入适量食盐即可（猪腰可捞起切片拌酱油佐餐）。此量可供 3～4 人食用，宜 2～3 日服食 1 次。

## 伍　黄芪红枣黄鳝汤

寒冬腊月，人易手足冰冷，皮肤枯裂，本品对此颇有良效。它气味香浓，具有补气养血、润泽容颜之功效，尤宜中老年人及女士食用，对贫血、风寒湿痹等症亦有较好的食疗效果。

［材料］黄芪50克，红枣5枚，黄鳝500克，生姜2～3片。

黄芪性微温，味甘，向为补气生血之要药，《本草正义》认为它"补益中土，温养脾胃。凡中气不振，脾土虚弱，清气下陷者最宜。其皮味浓质厚，力量皆在皮中，故能直达人之肤表肌肉，固护卫阳，充实表分，是其专长，所以表虚诸病，最为神剂"。黄鳝又名鳝鱼，性温味甘，功能补气益血、通脉养颜，《随息居饮食谱》说它"甘热，补虚助力，善去风寒湿痹，通血脉，利筋骨"。加上益气血的红枣，驱寒祛腥的生姜，合而为汤，则成当令滋补养颜之汤品。

［烹制］黄芪、红枣（去核）洗净，稍浸泡；鳝鱼宰后洗净，切段，与生姜、食盐齐置油镬炒至微黄，铲起；然后一起放进瓦煲内，加入清水2500毫升（约10碗水量），武火煮沸后，改用文火煲2个小时，调入适量食盐即可（黄鳝可捞起拌酱油佐餐）。此量可供3～4人食用。

## 陆　海龙海马炖菌皇

小寒末期，岭南一带虽未至严寒，但亦不时有强冷空气来袭，偶见“数九寒天”，这时及时进补，便正合其宜。本品气味甘润醇香，具有补肾益气、滋阴健胃之功效，为冬令滋补汤品。

［材料］海龙、海马各10克，鸡腿菇60克，冬菇50克，猪踭肉200克，生姜3片。

海马性温，味甘、咸，功能补肾壮阳、活血理伤，主治阳痿、遗尿、虚喘、难产、痞积及疔疮肿毒等症，药用价值极高，素有“北人参，南海马”的美誉。海龙性味功效同海马，现代医学研究证实它在催生方面比海马更胜一筹，同时有兴奋神经的作用。鸡腿菇性凉味甘，功能养肾脾、除湿邪、驱风、补虚、抗癌。冬菇性平味甘，功能健脾益胃。猪踭肉亦性平味甘，功能滋阴润燥，在此作药引。合而为汤，共奏补肾壮阳之功。

［烹制］海龙、海马浸泡，洗净；鸡腿菇、冬菇浸泡，洗净，冬菇并去蒂；猪踭肉洗净，切为块状；然后与生姜一起放进炖盅内，加入冷开水1000毫升（约4碗水量），加盖火隔水炖3个小时，进饮时方调入适量食盐（鸡腿菇、冬菇、猪踭肉可捞起拌酱油佐餐）。此量可供2～3人食用。

# 大寒

（公历1月20日前后）

大寒是全年二十四节气的最后一个节气，每年的1月20日前后太阳到达黄经300°时开始。《月令七十二候集解》这样解说其含义：『十二月中。解见前（小寒）。』大寒是天气寒冷到了极点的意思。民间所计算的从冬至起每隔九日数作一九，大寒正在四九，三九天和四九天是民间所认为一年最冷的时节，谓之『数九寒天』。

## 大寒的特点

大寒时节，我国大部分地区出现冰天雪地的景况。农谚所谓的“三九四九，冻破缸臼”，正是对它的形容。此时按理该是全年最冷的时候，但从西伯利亚吹来的寒流通常多见于小寒时节，所以天气有时反而不如小寒那般酷冷。同时不少有关气象学的文章均认为大寒是二十四节气之尾，也是冬季即将结束的时节，隐隐中已可感受到大地春回的迹象，所以不会像冬至到小寒那段时期那样酷寒。而在南方，此时至翌年惊蛰之前往往是最寒冷的时候，在这一节气里，气候比较干燥，降雨稀少，常有寒潮、大风天气。

## 大寒的养生

中医古籍《灵枢·本神》曰："智者之养神也，必须四时而适寒暑，和喜怒而安居处，节阴阳而调刚柔，如是辟邪不至，长生久视。"意思是说，智者的养生必根据四时寒暑的变化而加以调节，随时注意保持内外平衡，身心和谐。大寒处冬季之末，寒气极盛，故取暖御寒、趋阳避阴为养生第一要务。在饮食起居方面，一要保持充足睡眠，少动多静，以养精神；二要重视补充肾气，节欲寡劳，以养精血。大寒时节气温很低，人们应固护精气，滋养阳气，将精气内蕴于肾，化生气血津液，促进脏腑生理功能。青壮年在这寒冷冬季中应减少性生活，以适应生理功能处于低潮，人体培养精气的需要；老人和妇孺就要注意保暖，防止冻疮，促进四肢末梢的血液循环。中国传统饮食忌宜上是十分讲究的，如《云笈七签》曰："冬夜漏长，不可多食硬物并湿软果物。"宜食羊肉、牛肉、狗肉、鸡肉、大枣、莲子、人参、北芪、栗子、花生、百合、冬虫草、蛤蚧等温中散寒、补虚养血、润肠通便等功效的食物和肉类。

# 大寒汤品

## 壹　补骨脂羊小肚汤

大寒时节，“暖肾”固当其时。本品由《本经逢源》中记载的“羊脬入补骨脂温酒服治下虚遗尿”一方化裁而成。它气味香润甘辛，具有补肾阳、暖丹田、缩小便之功效，亦可用于肾虚、尿频、遗尿、遗精等症的食疗。

［材料］补骨脂15克，花生30克，羊小肚150～200克，生姜3片。

补骨脂性温味辛，入肾经，功能补肾壮阳。羊小肚又名羊脬，即羊的膀胱，性温味甘，功能暖膀胱、缩小便，唐代名医孙思邈说它可“治下虚遗尿”。花生补中益气，生姜驱寒祛腥，在此作药引兼调味之用。合而为汤，则成当令温补汤品。

［烹制］补骨脂、花生洗净，稍浸泡；羊小肚冲净，用刀去脂肪及脏物，复以生盐或生粉搓洗，再冲净，切成小块；然后与生姜一起放进瓦煲内，加入清水2000毫升（约8碗水量），武火煮沸后，改用文火煲2个小时，调入适量食盐及少许生油即可（花生、羊小肚可捞起拌酱油佐餐）。此量可供2～3人食用。

## 贰　千斤拔狗脊猪尾汤

本品也是一款补腰壮肾汤品，但兼有驱风寒湿痹的功效，对肾虚诸症及风湿性关节炎、类风湿脊椎炎、肥大性脊椎炎、腰肌劳损及腰腿寒痛等症有良好食疗作用。

［材料］千斤拔 30 克，狗脊 30 克，花生50～100克，猪尾 1 条，生姜 3 片。

千斤拔性平，味甘、涩，功能舒筋活络、强腰壮骨，属补益类中药，与北芪作用相仿。狗脊性温，味苦、甘，功能补肝肾、强筋骨、祛风湿，《本草纲目》认为它能“强肝肾、健骨、治风虚”。花生性平味甘，功能温中补气。猪尾性平，味甘、咸，功能补肾脏、健腰脊。合而为汤，则成冬日强筋壮骨佳品。

［烹制］千斤拔、狗脊、花生洗净，稍浸泡；猪尾刮毛，洗净；然后与生姜一起放进瓦煲内，加入清水 2000 毫升（约 8 碗水量），武火煮沸后，改用文火煲 2 个小时，调入适量食盐即可（猪尾、花生可捞起拌酱油佐餐）。此量可供 2～3 人食用。

## 叁 肉苁蓉羊腰汤

冬至时节，或会北风凛冽，或会细雨连连，因此广东有“干冬湿年”的民谚；意思是说，冬至若不下雨，则春节会下雨，反之则冬至下雨春节就不会下雨。而按一般情形，冬至下雨的机会通常较多。而这时食用本品，正合其宜。它气味香润，具有补肾益精、温补壮阳之功效，可显著改善肾虚阳痿、夜多小便及老人肾虚腰痛、足膝萎弱、耳鸣、便秘等症。

[材料] 肉苁蓉 15～30 克，羊腰 1 对，生姜 3 片。

肉苁蓉性温，味甘、酸、咸，入肾、大肠经，功能补肾益精、润燥滑肠，《本草经》说它能“养五脏，强阴，益精气”，《玉楸药解》认为它可“暖腰膝，健骨肉，滋肾肝精血，润肠胃结燥”。羊腰性温味甘，功能补肾气，益精髓，《本草纲目》说它能“治肾虚消渴”，《日华子本草》认为它能“补虚耳聋、阴弱，壮阳益胃，止小便，治虚损盗汗”。合而为汤，则大补肾阳虚劳，兼润肠通便，诚为寒湿冬日的家庭滋补佳品。

[烹制] 肉苁蓉洗净，稍浸泡；羊腰去除白脂膜，用生盐反复搓洗，冲净，切为片状，置油镬中用姜片略炒片刻去膻味；然后一起与生姜放进瓦煲内，加入清水 2000 毫升（约 8 碗水量），武火煲煮后，改用文火煲约 2 个小时，调入适量食盐及少许生油即可。此量可供 2～3 人食用。

## 肆　壮阳狗肉汤

狗肉煲是广东人冬季常吃的一道御寒补身名食，可谓家喻户晓；但用狗肉煲汤进补，却鲜为人知。特此推荐本品。它气味香浓鲜美，具有补中益气、温肾助阳之功效，在大寒时节食用，能极大地提高人体御寒能力，从而起到独特的保健作用。

［材料］狗肉500克，菟丝子30克，制附子15克，生姜6片，生葱20克，绍酒适量。

狗肉性温，味甘、咸，功能补中益气、温肾助阳。菟丝子性微温，味甘、微辛，入肝、肾经，功能补肝肾、益精气。制附子性温味辛，入心、肾、脾经，功能温肾壮阳、祛寒止痛。加上同具驱寒温中功效的生姜、生葱、绍酒（绍兴黄酒），合而为汤，则成大补阳气之当令佳品。

［烹制］狗肉洗净，置沸水稍滚片刻，洗净（即“飞水”），晾干水，切成方块状；菟丝子、制附子稍浸泡，用纱布裹好；姜、葱洗净，姜切片，葱切段；然后先将狗肉、姜片下锅煸炒，滴入绍酒炝锅后，与包裹好的菟丝子、制附子一起放进瓦煲内，加入清水2500毫升（约10碗水量），武火煮沸后，清去浮沫，改用文火煲2个小时，去掉药渣，捞起狗肉。加入适量食盐即可（狗肉可用姜、葱、油、盐稍炒后佐餐）。此量可供3～4人食用。但外感未愈及阴虚火旺者不宜食用，小孩也不宜多食。

## 伍　首乌牛膝鹿肉汤

本品由《御药院方》中的“二灵丹”（即何首乌配牛膝）化裁而成。它气味香浓，具有补肾强筋、乌发养颜之功效，可用于气血亏损、肾虚不足、形体羸弱、膝冷肢寒、腰脊酸软、阳痿精少、须发斑白、容貌老衰等症的食疗，为隆冬时日的大补汤品，尤宜老人、女士作补身养颜之用。

[材料] 首乌 250 克，牛膝 100 克，鹿肉 750 克，生姜 2～3 片。

首乌性微温，味苦、涩功效补肝肾、益气血。现代医学研究表明它含蒽醌衍生物、卵磷脂、粗脂肪等物质，有降低血清胆固醇、防止动脉粥样硬化形成及肾上腺皮质激素样作用，故可延缓衰老。牛膝性平，味苦、酸，功能补肝肾、强筋骨、行血脉，与首乌配伍，则有“补暖脏腑，祛逐风冷，利腰膝，强筋骨，黑须发，驻容颜，久服轻身延年”的作用。鹿肉性温味甘，功能益精血、壮肾阳、补虚羸。合而为汤，则补肾壮阳之功更大，强筋养颜之效更显。

[烹制] 首乌、牛膝洗净，稍浸泡；鹿肉洗净，切块状，置油镬和生姜热炒片刻去膻味；然后一起放进瓦煲内，加入清水 3000 毫升（约 12 碗水量），武火煮沸后，改用文火煲 3 个小时，调入适量食盐和少许生油即可（鹿肉可捞起调味佐餐）。此量可供 3～4 人食用。

## 陆　人参鹿茸炖乌龟

南方的三九寒天虽无北方的冰封雪冻，但也时有寒风刺骨之感。这时不妨大补一下，只要别过燥热就行。本品由《兰台轨范》中的“龟鹿二仙胶”一方化裁而成，气味浓润，具有补精髓、益气血、养精神、防衰老之功效，为冬日补身炖品，尤宜中老年人和女士食用。

［材料］乌龟 2 只，鹿茸、人参、枸杞子各 20 克，生姜 3 片。

乌龟肉性平味甘，功能滋阴补血，《本草经集注》说它“大补而多神灵”，《本草纲目》认为它能“通任脉，助阳道，补阴血，益精气”。有学者认为它是滋养补益之峻品。鹿茸性温味甘、咸，功能补元阳、益精血、强筋骨、调冲任，《神农本草经》说它能“益气强志，生齿不老”，《本草纲目》认为它可“生精补髓、养血益阳、强筋健骨”。人参性温，味甘、微苦，功能大补元气、健脾益肺、养气生津。枸杞子性平味甘，功能补益肝肾，益精明目。合而为汤，则进补肾阴肾阳，大壮身体气血。

［烹制］乌龟放盆中，注入滚水，烫死宰净，去内脏、龟甲，龟肉斩件；人参、枸杞子洗净；然后先将龟肉下油锅略炒，加清水 1500 毫升（约 6 碗水量）煮滚后，倒入炖盅内，再加各药材和少许生油，加盖隔水炖 3 个小时，进饮时方调入适量食盐。此量可供 2～3 人食用。

# 附录：

## 常用煲汤药材、食物简明功效

### 一、药材类：

生地——清热凉血，养阴生津。

熟地——滋阴补血，益精填髓。

荷叶——消暑利湿。

北芪——补脾益气，固表止汗，益气升阳。

沙参——滋阴清肺，养胃生津，除虚热治燥咳。

玉竹——养阴润燥，润肠通便。

麦冬——养阴润肺，生津止咳。

淮山——健强脾胃，补益肺气，滋肾固精，敛虚汗，止泻。

圆肉——开胃益脾，补心长智，安神补血。

杏仁——润肺止咳。

莲子——补益脾胃止泻，养心宁神益肾。

百合——清润肺燥，益气调中，止干咳，固肾，清心，宁神。

灵芝——益心，益智，养气。

杞子——滋养肝肾，补肝明目，补血益精，坚强筋骨。

天麻——平肝息风，定惊止痉。

川芎——行气开郁，祛风燥湿，活血止痛。

党参——补中益气，健脾胃，补血，降血压。

当归——补血调经，活血止痛，润肠通便。

丹参——活血祛瘀，凉血消火，宁心安神。

辛夷花——散风寒，通鼻窍。

昆布——清热消痰，软坚散结，降血压。

海藻——清热软坚，清血利尿，散瘿瘤结气和颈下硬结。

赤小豆——健脾祛湿，消肿解毒。

冬虫草——益精气，补虚损，止咳化痰。

木棉花——清热利湿，消暑，解毒。

槐花——清肠解毒，凉血润燥。

云苓——健脾安神，利水渗湿。

火麻仁——润燥，滑肠，补虚。

绵茵陈——利胆，护肝，解热，抗菌。

崩大碗——清热解毒，利尿通淋，活血，消肿，止痛。

蕤仁肉——祛风散热，养肝明目。

桑叶——疏散风热，清肝明目。

五指毛桃——健脾益气，化湿舒筋。

薏米——健脾补肺，清热利湿。

土茯苓——清利湿热，解毒利尿。

无花果——健胃清肠，消肿解毒。

芡实——固肾涩精，补脾止泄。

燕窝——养阴润燥，益气补中。

罗汉果——清肺润肠，祛痰解渴。

扁豆——健脾和中，消暑化湿。

红枣——补脾和胃，益气生津，养血。

蜜枣——养心润肺，补虚填损。

菟丝子——固精，缩尿，明目，止泻。

巴戟——温肾壮阳，强筋骨，祛风湿。

雪耳——滋阴，润肺，养胃，生津。

西洋参——补气生津。

太子参——补肺，健脾，补气，生津。

车前草——清胃热，消水肿，利水清肝。

苏叶——发表散寒，行气宽中，消痰利肺。

川贝——清燥化痰，散结除热，润肺止咳。

天山雪莲——除寒，壮阳，止血。

田七——止血，止痛，散瘀。

杜仲——补肝肾，强筋骨，安胎。

陈皮——健脾祛湿，理气化滞。

## 二、食物类

乳鸽——调中益气，滋肾益阴。

绿豆——清热解毒，清凉解渴，利水消肿。

老鸭——滋阴补虚，利水消肿。

水鱼——滋阴潜阳，散结消症。

猪肺——补肺，治咯血。

鸭肾——健脾胃，助消化。

椰子——补虚，益气，强壮。

猪瘦肉——补脾气，润肠胃，生津液，丰肌体，泽皮肤。

羊肉——补阴，丰体泽肤，补虚劳，益气血，壮阳道，开胃健力。

兔肉——补血益气，养脾滋阴。

蹄筋——健筋骨，补骨髓。

猪尾——益肾，填髓，补骨，润肠。

鲫鱼——和胃实肠，通阴利水，温中下气。

霸王花——清热痰，除积热。

木瓜——健胃，助消化，催乳。

山斑鱼——祛风化痰，凉血解毒。

牛肝——养血，补肝，明目。

酸菜——生津止渴，滋养阴液。

生姜——祛腥驱寒，健胃止呕。

眉豆——健脾，祛湿气。

红豆——养血和气，健脾养胃，利水除湿。

黄豆——宽中健脾，益气利水。

马铃薯——补气调中，健脾和胃。

红萝卜——健脾，凉血，利尿，通便，解毒，化瘀。

豆腐——清热，益气，利水。

鲤鱼——利小便，祛水气。

白胡椒——温中散寒，醒脾开胃。

猪肚——健脾胃，补虚损，通血脉，利水，除疳。

猪心——治虚悸，补血养心。

冬瓜——除心胸满，去头面热，利大小便，消肿定喘，止渴。

章鱼——补血益气，治痈疽肿毒。

莲藕——旺血生肌，健脾开胃。

烧肉——滋阴润燥，治热病伤津。

猪脚——补血，通乳，托疮。

乌豆——养血补虚。

塘虱鱼——补血，滋肾，调中，兴阳。

萝卜——健胃消食，止咳化痰，顺气利尿，清热解毒。

花生——舒脾，润肺，止血。

核桃肉——温肺润肠，补气养血，敛气定喘，涩精固肾。

芥菜——宣肺豁痰，温中利气。

粉葛——解肌退热，生津止渴，滋润筋脉。

白果——温肺益气，止咳平喘。
猪横脷——益肺，补脾，润燥，泽颜。
淡菜——补肝肾，益精血，消瘿瘤。
牛肉——补中益气，滋养脾胃，强健筋骨，消水肿。
生鱼——补脾益胃，利水消肿。
虾——益精壮阳。
蜗牛——清热，消肿，解毒。
柿饼——健脾，润肺，止血。
人参果——调中下气，清热生津，健脾开胃。
葛菜——清热利尿，凉血解毒。
海蜇——清热化痰，消肿散结。
黄鳝——补虚损，除风湿，强筋骨。
鹧鸪——消积痰，祛疟。
龟——益阴补血，健骨补肾。
鱼肚——补肾益精，止血，消肿。
雪梨——润肺，生津，清热，化痰。
黑木耳——养血益胃，和血止血。
牛百叶——补虚弱，益脾胃。
泥鳅——补中气，祛湿邪。
猪小肚——治遗尿，健脾胃。
西洋菜——清肺热，润肺燥。
苦瓜——清暑涤热，明目解毒。
鲍鱼——滋阴清热，益精明目。
猪骨——补阴益髓。
猪脚——强腰健膝，填肾益精。
鹅肉——养胃止渴，补气生津，解五脏之热。
鸽肉——补中益气，滋阴养肾。

鹿肉——补肾益精，养血安脏。

鹌鹑——治疳消积。

田鸡——补虚，清热，解毒。

栗子——养胃健脾，补肾强筋。

墨鱼——补血通经。

竹丝鸡——养阴益血。

鸡肉——温中益气，补精添髓。

海参——补肾益精，养血润燥。

牛尾——益气血，强筋骨，补肾。

蚝豉——滋阴养血。

水鸭——补中益气，消食和胃。

江瑶柱——滋阴补肾，调中。

番茄——清热解毒，凉血平肝，降血压，健胃生津。

白菜——解热除烦，解渴。

白菜干——润肺燥，清胃热。

节瓜——消暑，解渴，健脾。

丝瓜——清暑凉血，祛风化痰，凉血解毒。

沙葛——生津止渴。

苹果——生津除烦，开胃和脾。

芦笋——暖胃，利尿，降压，消脂。

芫茜——发汗，下气，健胃。

菠菜——养血，止血，敛阴，润燥。

玉米——健脾胃，和中焦。

玉米须——利水泻热，平肝利胆。

玉米心——消食滞，助消化。

柠檬——生津止渴，和胃止呕。

橄榄——开胃，化痰，利咽，解毒。

鲜荷叶——清暑利湿，止渴生津。

大白菜——清热除烦，通利肠胃。

西洋菜——润燥，清热，下火。

牛奶——补虚损，益肺胃，生津润肠。

芹菜——健脾胃，清肝热，利小便，降血压。

簕苋菜头——清热解毒，收敛消肿。

空心菜——清热凉血，通便。

金针——补血，活血，凉血，安神，利湿。